Java程序设计

主　编　杨　健
副主编　朱云霞　成小惠

北京邮电大学出版社
www.buptpress.com

内容简介

本书是Java语言程序设计的一本精编教材，基于Java语言介绍面向对象程序设计的原理与方法。本书采用最新的Java技术，以翔实的例题介绍如何使用Java语言进行面向对象的程序设计、GUI程序设计、文件的输入输出以及线程的程序设计方法。

本书可以作为Java语言程序设计课程的通用教材，适用于各类编程人员、对编程有要求的相关专业的本科生和研究生，也可作为Java技术的自学者或短训班人员使用。

图书在版编目（CIP）数据

Java程序设计 / 杨健主编. -- 北京 ：北京邮电大学出版社，2016.8（2023.7重印）

ISBN 978-7-5635-4782-1

Ⅰ. ①J… Ⅱ. ①杨… Ⅲ. ①Java语言－程序设计－高等学校－教学参考资料 Ⅳ. ①TP312

中国版本图书馆CIP数据核字（2016）第124870号

书　　名：Java程序设计

主　　编：杨　健

责任编辑：王丹丹

出版发行：北京邮电大学出版社

社　　址：北京市海淀区西土城路10号（邮编：100876）

发 行 部：电话：010-62282185　传真：010-62283578

E-mail：publish@bupt.edu.cn

经　　销：各地新华书店

印　　刷：北京虎彩文化传播有限公司

开　　本：787 mm×1 092 mm　1/16

印　　张：14.75

字　　数：373千字

版　　次：2016年8月第1版　2023年7月第7次印刷

ISBN 978-7-5635-4782-1　　定　价：36.00元

前　　言

Java技术1995年5月由Sun公司推出，是Java程序设计语言和Java平台的总称，用Java实现的浏览器(支持Java Applet)显示了Java的魅力，如跨平台、动态的Web、Internet计算等。Java由Java虚拟机(Java Virtual Machine,JVM)和Java应用编程接口(Application Programming Interface,API)构成。Java应用编程接口为Java应用提供了一个独立于操作系统的标准接口，在硬件或操作系统平台上安装Java环境后，应用程序就可跨平台运行。现在，越来越多的领域都采用Java作为开发语言，Java语言也成为软件开发人员理想的工具。

本书是Java语言程序设计的一本精编教材，基于Java语言介绍面向对象程序设计的原理与方法。本书采用最新的Java技术，以大量翔实的例题介绍如何使用Java语言进行面向对象的程序设计、GUI程序设计、文件的输入输出以及线程的程序设计方法。

本书共10章。第1章介绍了Java语言的发展过程、Java语言的特点以及Java平台的工作原理，详细地讲述了安装和配置Java开发工具的步骤；第2章介绍了Java语言的基本语法；第3章结合面向对象的程序设计思想，通过对类和对象的详细介绍，来阐述用Java语言实现面向对象思想中的抽象性和封装性，重点讲述类与对象的概念、类的定义、对象的使用和包的使用；第4章介绍类的继承机制；第5章介绍接口和标注；第6章介绍异常；第7章介绍文件的管理与输入输出；第8章介绍线程；第9章介绍图形用户界面开发；第10章介绍Java中的实用包。

全书由课程组集体编写，在编写过程中得到南京邮电大学领导的支持，还有课程组杨健、刘尚东、成小惠、朱云霞、周莉、朱艳梅、肖欣欣、陈兴国、徐力杰的协助和支持，在此一并感谢。教材编写时间紧迫，难免有疏漏，欢迎各位读者对本书提出批评和修改建议。我们将非常感激，并在再版时予以考虑。

目　　录

第1章　Java入门

Java语言由Sun公司于1995年5月23日正式推出，是一个面向对象、基于网络及支持多媒体的程序设计语言。Java技术具有卓越的通用性、高效性、平台移植性和安全性，它广泛应用在桌面系统、Web系统、分布式系统及嵌入式系统，同时拥有全球最大的开发者专业社群。

Java易学易用，功能强大，并提供了丰富的类库，开发人员可以方便地构建项目和开发大型系统。

本章学习目标：

1. 了解Java的发展过程和特点。
2. 学会JDK的安装及环境配置。
3. 掌握Java集成开发环境的安装和使用。
4. 了解Java程序的基本结构及注释。
5. 掌握Java程序的开发过程。

1.1　Java语言概述

1.1.1　Java的发展

1990年Sun Microsystems公司为发展消费类电子产品进行了一个名为Green的项目。这个项目的负责人是James Gosling，项目组开发第一个版本花了18个月时间，该语言最初的名称为“Oak”。他们最初的目的只是为了开发一种独立于平台的软件技术。到1994年，Green小组发现他们的新型编程语言“Oak”比较适合Internet程序的编写，于是他们对“Oak”进行改进和完善，并获得了巨大的成功。他们用“Oak”语言开发了一个实时性较高、可靠安全、有交互功能的新型Web浏览器，名为HotJava。后来发现“Oak”已经是Sun公司另外一种语言的注册商标，1995年1月，“Oak”更名为Java。这个名字的产生，来自于印度尼西亚一个盛产咖啡的岛屿，中文名为爪哇，寓意是为世人送上一杯热气腾腾的咖啡。

Java语言发展非常迅速，1995年Sun公司发布了Java语言的Alpha1.0版本，1996年1月发布了Java语言的第一个开发包JDK1.0，1997年2月发布了Java语言的开发包JDK1.1，从而奠定了Java语言在计算机语言中的地位。1998年12月，Sun公司发布了JDK1.2，也是Java历史上最重要的一个JDK版本。这个版本标志着Java进入了Java2时代。2009年4月，Oracle公司通过收购Sun公司获得Java版权。2011年7月28日，甲骨文发布Java 7.0的正式版。2014年3月19日，甲骨文公司发布Java 8.0的正式版，这也是目前的最新版本。

20 多年来，Java 语言的发展获得了巨大的成功，就像爪哇岛的咖啡一样誉满全球，已成为当今最流行的程序设计语言之一。

1.1.2 Java 的特点

Java 是一种简单、面向对象、分布式、解释型、健壮、安全、与平台无关、可移植、性能高效、多线程的动态语言。

1. 简单性

Java 语言的语法与 C 语言和 C++ 语言很接近，大多数程序员很容易学习和使用。Java 摒弃了 C++ 中很少使用和难以理解的一些特性，如操作符重载、类的多继承、自动的强制类型转换。特别是 Java 语言不使用指针，并提供了自动的垃圾收集，使得程序员不必为内存管理而担忧。

2. 面向对象

Java 语言是一个完全面向对象的程序设计语言。它吸收了 C++ 面向对象的概念，将数据封装在类中，实现了程序的简洁性和便于维护性。Java 语言的程序设计集中在对象和接口上，并提供了简单的类机制和动态接口模型。为了简单起见，只支持类之间的单继承，但支持接口之间的多继承，并支持类与接口之间的实现机制。通过继承机制，子类可以使用父类所定义的方法，以便实现程序的重复使用。

3. 分布式

Java 语言支持 Internet 应用的开发，在基本的 Java 应用编程接口中有一个网络应用编程接口(java. net)，它提供了用于网络应用编程的类库，包括 URL、URLConnection、Socket、ServerSocket 等。Java 的 RMI(远程方法激活)机制也是开发分布式应用的重要手段。

4. 解释性

Java 程序在 Java 平台上被编译为字节码格式，然后可以在安装了 Java 平台的任何系统中运行。在运行时，Java 平台中的 Java 解释器对这些字节码进行解释执行，执行过程中需要的类在连接阶段被载入到运行环境中。

5. 健壮性

用 Java 编写的程序有多方面的可靠性和稳定性，程序在编译和运行时要对可能出现的问题进行检查，并消除了有出错倾向的状态。Java 的强类型机制、异常处理、垃圾的自动收集等是 Java 程序健壮性的重要保证。Java 通过集成面向对象的异常处理机制，在编译时提示可能出现但未被处理的异常，以防止系统崩溃。Java 的安全检查机制使得 Java 更具健壮性。

6. 安全性

Java 不支持指针，杜绝了内存的非法访问。Java 通过对象的实例来实现对内存的访问，这样可以防止他人使用欺骗手段访问对象的私有成员，也能避免指针在操作中易产生的错误。

Java 编写的程序通常应用在网络环境中，Java 必须提供足够的安全保障，并且能够防止恶意代码的攻击。Java 在运行应用程序时，严格检查其访问数据的权限，例如不允许网络上的应用程序修改本地的数据。下载到用户计算机中的字节码在其执行前要进行核实，一旦字节代码被核实，便由 Java 解释器来执行，该解释器通过阻止对内存的直接访问来进一步保证 Java 的安全性。

7. 与平台无关

Java 是与平台无关的语言，用 Java 编写的应用程序不用修改就可以运行在不同的软硬件平台上。Java 编译器能够产生一种与计算机体系结构无关的字节码(Byte Code)，只要安装了 Java 虚拟机(Java Virtual Machine，JVM)，Java 就可以在相应的处理机上执行。

JVM 是一种抽象机器，它运行在具体操作系统之上，本身具有一套虚拟机的机器指令，并有自己的栈、寄存器组等。但 JVM 通常是在软件上而不是在硬件上实现。

8. 可移植

Java 具有良好的可移植性，主要得益于它与平台无关的特性。另外，Java 的类库中也实现了与平台无关的接口，使得这些类库也能移植。

Java 解释产生的目标代码是针对一种并不存在的 CPU，即 Java 虚拟机，JVM 避免了不同 CPU 之间的差别，使编译过的字节码能运行于任何安装了 JVM 的机器上。

9. 高性能

与那些解释型的高级脚本语言相比，Java 的确是高性能的。Java 系统提供了 JIT(Just In Time)编译器，JIT 能够产生编译好的本地机器代码，以提高 Java 代码的执行速度。Java 的运行速度随着 JIT 编译器技术的发展，已经具有与 C＋＋同样，甚至有些情况下更好的运行性能。

10. 多线程

在 Java 语言中，多线程是非常重要的组成部分。Java 语言支持多个线程机制使应用程序能够并发执行，而且提供的同步机制保证了对数据的共享操作。通过使用多线程，程序员可以分别利用不同的线程来完成特定的行为，而不需要采用全局的事件循环机制，这样就很容易实现网络的实时交互行为，从而为解决网上大量用户的访问提供了技术基础。

11. 动态性

Java 语言的设计目标之一是适应动态变化的环境。Java 程序需要的类能够动态地被载入到运行环境中，也可以通过网络来载入所需要的类，这也有利于软件的升级。另外，Java 中的类有一个运行时刻的表示，能进行运行时刻的类型检查。

1.2 Java 平台工作原理

1.2.1 JVM 介绍

JVM 全称 Java Virtual Machine，是一种利用软件方法来实现硬件功能的虚拟计算机，JVM 的任务是执行 Java 程序。JVM 是一种用于计算设备的规范，可以用软件实现，也可以用硬件实现，目前大多数用软件实现。JVM 是一个可以执行 Java 字节码的操作平台，只要根据 JVM 规格描述将解释器移植到特定的计算机上，就能保证经过编译的任何 Java 字节代码能够在该系统上运行。

Java 语言的一个非常重要的特点就是与平台的无关性，而使用 JVM 是实现这一特点的关键。一般的高级语言如果要在不同的平台上运行至少需要编译成不同的目标代码。而引入 JVM 后，Java 语言在不同平台上运行时不需要重新编译。Java 语言使用 JVM，屏蔽了与具体平台相关的信息，Java 语言的编译程序可以在多种平台上不加修改地运行。Java 虚拟机在执行时，把字节码解释成具体平台上的机器指令来执行。

对 Java 程序进行解释也有助于它的安全性。因为每个 Java 程序的运行都处于 Java 虚拟机的控制之下，Java 虚拟机可以包含这个程序并且能阻止它在系统之外产生副作用。

1.2.2 Java 运行流程

计算机高级语言类型主要有编译型和解释型两种，Java 程序却比较特殊，它是两种类型的结合，先经过编译，再经过解释才能执行。

如图 1-1 所示，用 Java 编写的代码为源程序，是以.java 为扩展名的文件，经过 Java 编译系统编译后生成扩展名为.class 的字节码文件，然后由 JVM 解释为可执行的字节码文件。字节码文件不能直接在操作系统上运行，而只能通过虚拟机解释执行。利用 Java 虚拟机可以把 Java 字节码程序跟具体的操作系统及硬件分隔开来，只要在各种平台上都实现了 Java 虚拟机，任何 Java 程序都可以在该系统上运行，实现了"一次编程，到处运行"的目标。

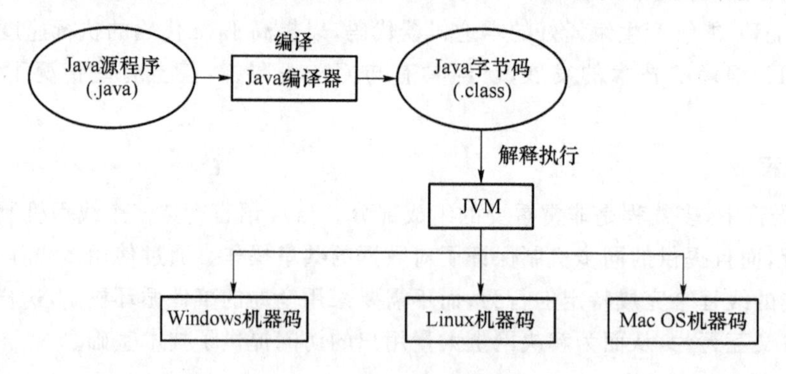

图 1-1 Java 运行原理

当 Java 程序用 Java 编译器编译成字节码后，便可运行在任何含有 Java 虚拟机的平台上，无论是 Windows、UNIX/Linux 或 Mac OS。Java 这种跨平台的特点，也使 Java 得到了快速发展。

1.3 Java 开发环境

Java 开发环境主要有两种：一种是使用基础开发工具；另一种是使用集成开发环境（Integrate Development Environment，IDE）。常用的基础开发工具是由 Oracle 公司提供的免费开发工具（Java Development Kits，JDK），它是以 DOS 命令行的方式使用的。

Java 的集成开发环境为程序员提供了更方便的交互开发平台，它将 Java 程序编辑、编译、运行与调试以及项目管理等一系列的工程集成到一起，并且是基于图形用户界面的。当设计比较复杂的项目时，为了提高开发效率和实现对项目的管理，应该使用 Java 的集成开发环境。Java 的 IDE 有多种，如 Jcreator、Eclipse、MyEclipse、NetBean、IDEA 等。

1.3.1 JDK 的安装和使用

1. JDK 的下载和安装

JDK 主要分为 3 种版本:Java SE、Java EE、Java ME。

Java SE 称为 Java 的标准版或标准平台,Java SE 提供了标准的 JDK 开发平台,使用该平台可以开发 Java 桌面应用系统和低端服务器应用程序,也可以开发 Java Applet 程序。

Java EE 称为 Java 企业版或企业平台,使用 Java EE 可以构建企业级的服务应用,Java EE 平台包含了 Java SE 平台,并且增加了类库,便于支持目录管理、交易管理等功能。

Java ME 称为 Java 的微型版或小型平台,Java ME 是一种很小的 Java 运行环境,用于嵌入式的消费产品中,如移动电话、掌上电脑或其他无线设备等。

登录 Oracle 公司网站 http://www.oracle.com,将看到有关 J2SE、J2EE、J2ME 的信息。三种版本的 Java 运行平台,都包含了相应的 Java 虚拟机。Java 虚拟机负责将字节码文件加载到内存,然后以解释的方式执行字节码文件。

适应于普通 PC 应用的 Java 开发平台为 Java SE,其全称是“Java Platform, Standard Edition”,它是 Java 开发的标准版本。我们可以很方便地从 Java 的官方网站免费下载。JDK 有多个版本,高版本可以对低版本实现向下兼容。

另外,Oracle 公司提供了 Java 的帮助文档也可以在 http://www.oracle.com 网站下载。

登录 http://www.oracle.com/technetwork/java/javase/downloads/index.html 网站,下载适合自己计算机操作系统的 JDK ,在 Windows 32 操作系统下,下载最新的 JDK 开发工具“jdk-8u77-windows-i586.exe”;而在 Windows 64 操作系统下,下载最新的 JDK 开发工具“jdk-8u77-windows-x64.exe”。如果在 Windows 32 操作系统下安装,则在下载完成后直接运行“jdk-8u77-windows-i586.exe”,按照安装向导进行安装。如图 1-2 所示,为 JDK 安装向导的第一个界面,单击【下一步】按钮,进入配置对话框,如图 1-3 所示。在配置对话框中主要有开发工具、源代码、公共 JRE 几个可选功能,建议初学者把这样的功能都安装上,以避免使用时出现麻烦。对于安装目录,单击【更改】按钮可以进行更改,也可以用默认目录“C:\Program Files (x86)\Java\jdk1.8.0_65”安装。

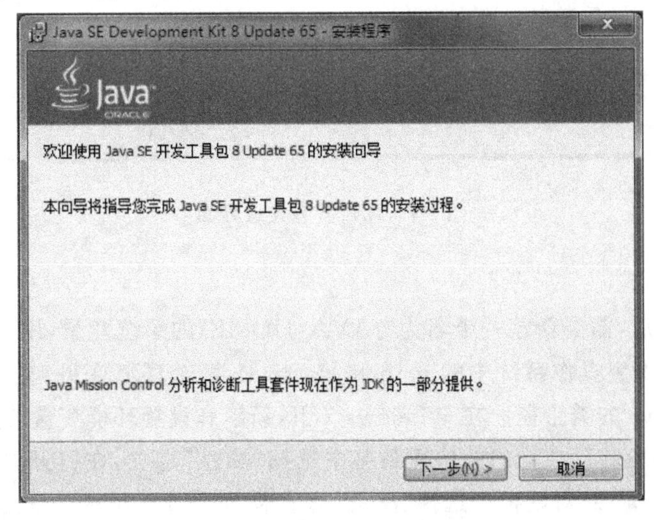

图 1-2 JDK 安装向导界面

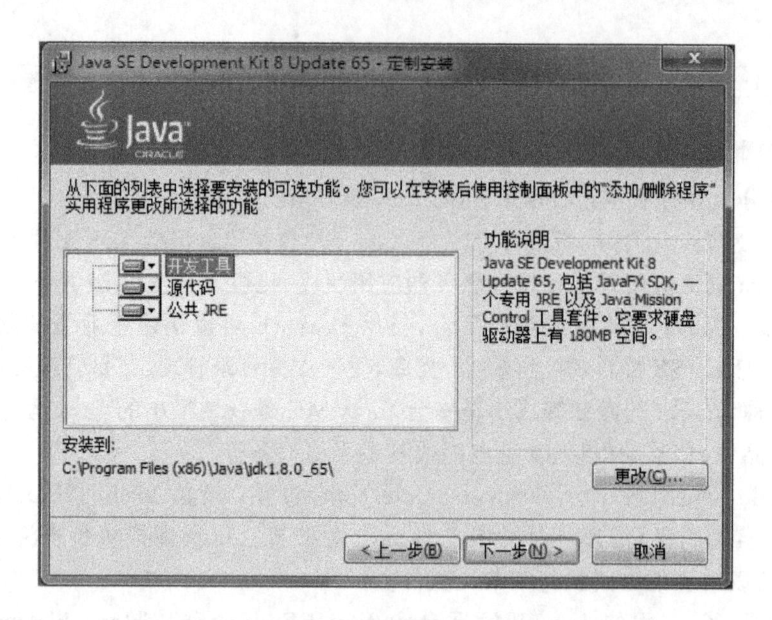

图 1-3　选择安装目录

在图 1-3 所示的界面中，单击【下一步】按钮，Java 自动进行安装，如图 1-4 所示，JDK 安装完成，单击【关闭】按钮。

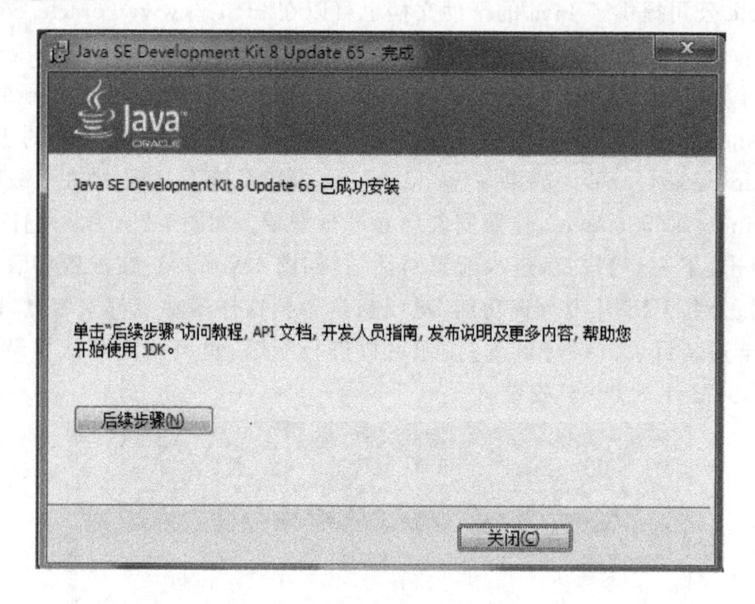

图 1-4　JDK 安装完成界面

2. 设置 JDK

JDK 安装完成后，需要新建一个名为“JAVA_HOME”的系统变量，用于指定 JDK 的安装路径。另外还必须配置操作系统中的 path 和 classpath 两个环境变量，它们分别指定了 Java 工具包的路径和 Java 的类路径。在 Windows 7 下，新建和设置环境变量的过程如下。

(1) 右击“我的电脑”，在弹出的快捷菜单中选择“属性”选项，在打开的窗口中单击“高级系统设置”，在“系统属性”对话框中选择“高级”选项卡，如图 1-5 所示。单击【环境变量】按钮，弹出“环境变量”对话框，如图 1-6 所示。

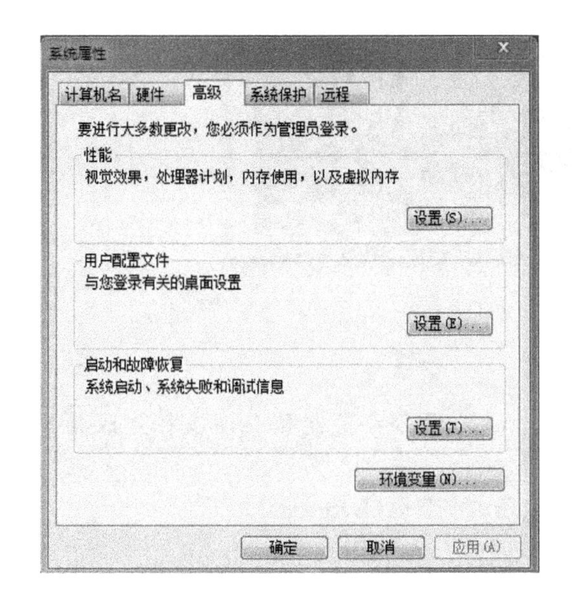

图 1-5 “系统属性”对话框

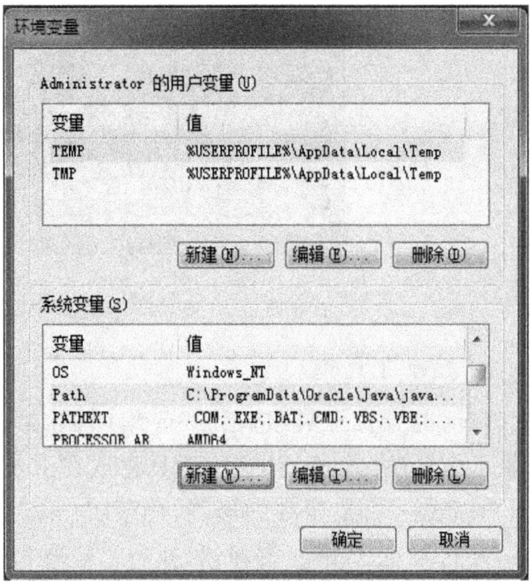

图 1-6 “环境变量”对话框

（2）在“系统变量”中单击【新建】按钮，弹出“新建系统变量”对话框，如图 1-7 所示。在“变量名”和“变量值”文本框中分别输入：“JAVA_HOME”和“C:\Program Files (x86)\Java\jdk1.8.0_65”，单击【确定】按钮。“C:\Program Files (x86)\Java\jdk1.8.0_65”是 JDK 所安装的路径。

（3）在如图 1-6 所示的“环境变量”对话框中，选择“系统变量”列表框的“Path”变量，单击【编辑】按钮，弹出“编辑系统变量”对话框，如图 1-8 所示。在“变量值”文本框中输入：“%JAVA_HOME%\BIN;%JAVA_HOME%\JRE\BIN;”，单击【确定】按钮。

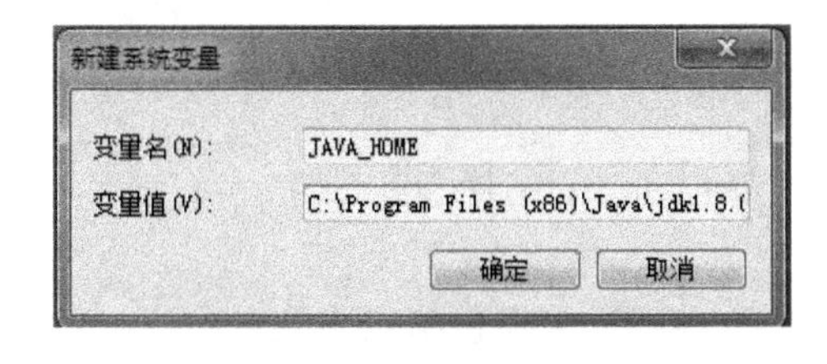

图 1-7 “新建系统变量”对话框

图 1-8 “编辑系统变量”对话框

（4）在如图 1-6 所示的“系统变量”中单击【新建】按钮，弹出“新建系统变量”对话框，如图 1-9 所示。在“变量名”和“变量值”文本框中分别输入：“classpath”和“%JAVA_HOME%\BIN;%JAVA_HOME%\JRE\BIN;”，单击【确定】按钮。

（5）最后，在如图 1-6 所示的“系统变量”对话框中单击【确定】按钮。

这样的方法设置环境变量，无论用户的当前目录在何处，执行如 java、javac 等命令时，操作系统都会找到这些文件并执行它们，从而用户可以在任何目录下执行 Java 源程序代码。

图 1-9 “新建系统变量”对话框

设置完成后，在 MS-DOS 命令窗口中输入“java-version”命令，测试 Java 安装成功，如图 1-10所示。

```
管理员: 命令提示符
Microsoft Windows [版本 6.1.7601]
版权所有 (c) 2009 Microsoft Corporation。保留所有权利。

C:\Users\Administrator>java -version
java version "1.8.0_65"
Java(TM) SE Runtime Environment (build 1.8.0_65-b17)
Java HotSpot(TM) Client VM (build 25.65-b01, mixed mode, sharing)
```

图 1-10 测试 Java 安装成功界面

3. Java 工具集

Java 的开发工具,包括 Java 编译器、解释器、Applet 程序浏览器和 Java 文档生成器等。安装了 Java 的 JDK 后,这些工具存放在 bin 目录下。

- javac. exe:Java 编译器,用于将 Java 程序编译成字节码(Bytecode)。
- java. exe:Java 解释器,执行已经转换成字节码的 Java 应用程序。
- jdb. exe:Java 调试器,用于调试 Java 程序。
- javap. exe:反编译,将类文件还原回方法和变量。
- jconsole:Java 进行系统调试和监控的工具。
- javadoc. exe:文档生成器,创建 HTML 文件。
- appletviewer. exe:Applet 解释器,用于解释已经转换成 Bytecode 的 Java 小应用程序。

4. Java API

在安装了 Java 的 JDK 后,Java 也同时安装了它所提供的标准库。所谓标准库,就是把程序设计所需要的常用的方法和接口分类封装成包,Java 所提供的标准类库就是 Java API。

Java API(Java Application Interface)是 Java 的应用编程接口。它是 Java 所提供的现成的类库,供编程人员使用。Java 提供了非常完善的 API 文档,它是进行程序设计的很好的工具。API 在 Oracle 公司的网站上可以下载。

在 Java API 中主要包括核心 Java 包、Javax 扩展包和 org 扩展包。

(1) 核心 Java 包

在核心 Java 包中封装了程序设计所需要的主要应用类,主要包括以下几种。

- java. lang 包:封装了所有应用所需的基本类。
- java. awt 包:封装了提供用户图形界面功能的抽象窗口工具类。
- java. applet 包:封装了执行 Applet 应用程序所需的类。
- java. io 包:封装了提供输入/输出功能的类。
- java. net 包:封装了提供网络通信功能的类。
- java. sql 包:封装了提供管理和处理数据库功能的类。
- java. math 包:封装了常用数学运算功能的类。

(2) Javax 扩展包

Javax 扩展包封装了与图形、多媒体及事件处理相关的类,如 javax. swing 包。

(3) org 扩展包

org 扩展包主要提供有关国家组织的标准,如 org. apache 包。

我们将在 1.4.1 节中详细阐述如何在 JDK 环境下执行 Java 应用程序。

1.3.2 Eclipse的安装和使用

Eclipse是由IBM公司于2001年首次推出的免费集成开发工具，现在它由非营利软件供应商联盟Eclipse基金会(Eclipse Foundation)管理。Eclipse可以从其官方网站上下载，网站地址为：http://www.eclipse.org。

Eclipse是一种基于插件式的开放源代码的Java集成开发环境。其本身只是一个框架和一组服务，通过插件组件构建开发环境，所以在安装Eclipse之前，要安装和配置JDK。

1. Eclipse的安装

将下载的Eclipse压缩包解压，解压完毕后即可使用，从eclipse文件夹中找到eclipse.exe文件，直接双击该文件即可进行安装。

当启动安装程序后，出现提示选择工作空间的界面，用户可以通过Browse按钮选择好项目所存放的路径，如图1-11所示，单击【OK】按钮，进入Eclipse的工作台，如图1-12所示。第一次启动后会出现一个欢迎界面，单击Welcome标签上的关闭图标即可关闭欢迎界面。

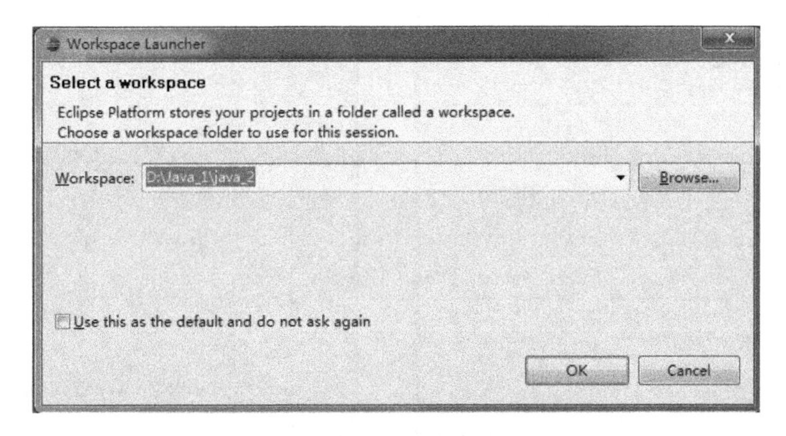

图1-11 启动Eclipse工作空间选择界面

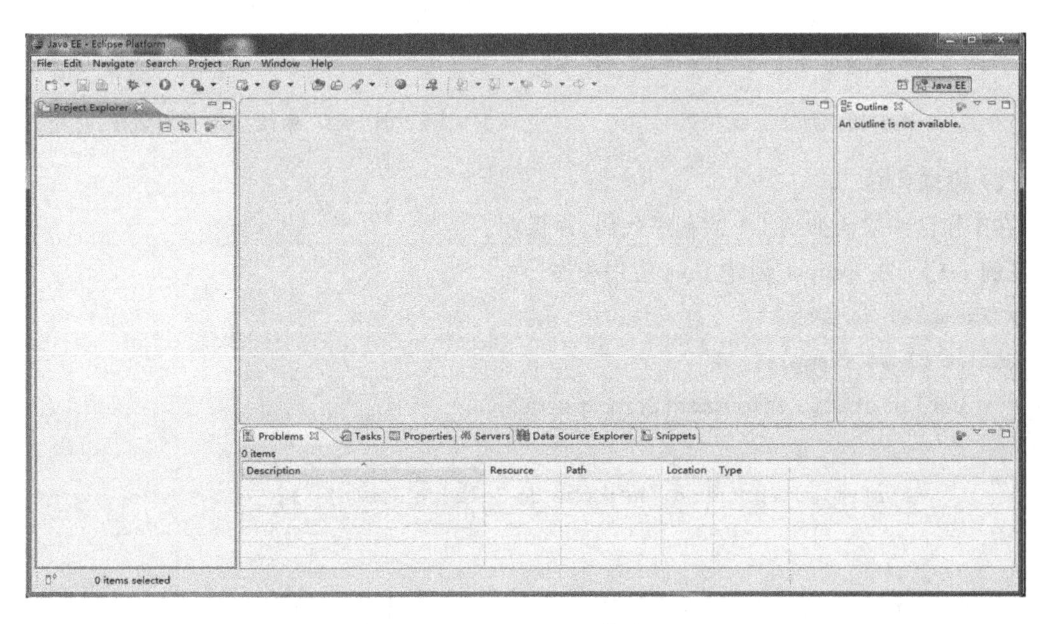

图1-12 Eclipse工作台

2. Eclipse 中创建 Java 应用程序

(1) 创建一个项目

① 创建一个新项目，选择 File→New→Project 命令，启动新项目创建向导，选择列表框中的 Java 目录→Java Project，单击【Next】按钮，弹出 New Java Project 对话框，如图 1-13 所示。在 Project name 文本框中输入项目名称，如“myproject”，单击【Next】按钮，再单击【Finish】按钮完成项目的创建。

② 右击项目名“myproject”，选择快捷菜单中的 New→class 命令，弹出 New Java Class 对话框，在 Package 文本框中可以输入包名，也可以采用默认的包名，在 Name 文本框中输入类名“Example1_1”，如图 1-14 所示。

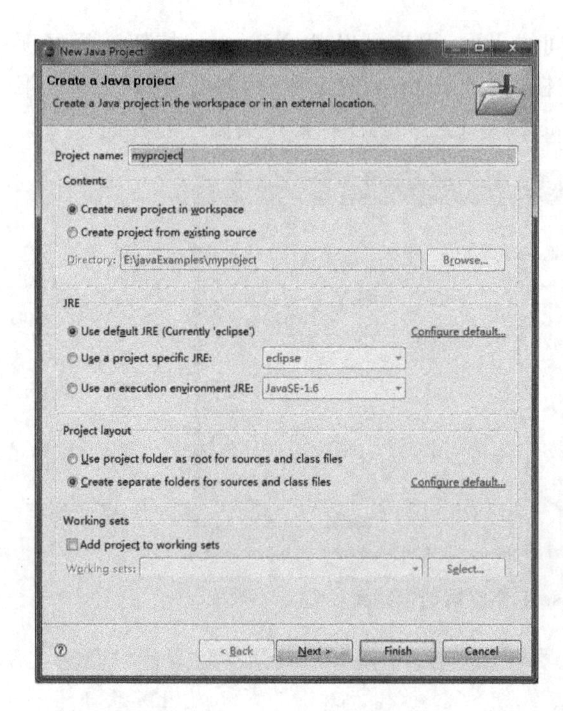

图 1-13　新建 Java 项目

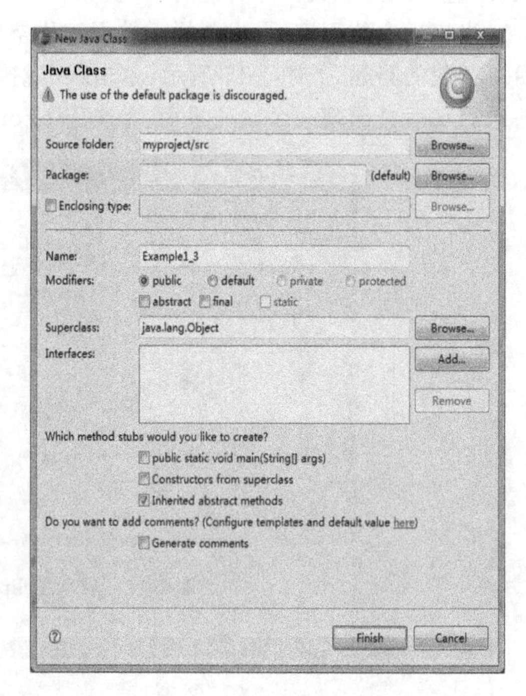

图 1-14　新建 Java 类对话框

(2) 添加代码

在工作区中输入如例 1-1 的程序代码，并保存。

【例 1-1】 在 Eclipse 创建 Java 应用程序。

```
//Example1_1.java
public class Example1_1 {
    public static void main(String args[])
    {
        System.out.println("Welcome to Eclipse World! ");
    }
}
```

(3) 编译并运行

运行有多种方式,可以单击工具栏的【Run】按钮,(见图标),运行 Java 程序,也可以通过菜单栏的 Run 命令运行,运行结果如图 1-15 所示。

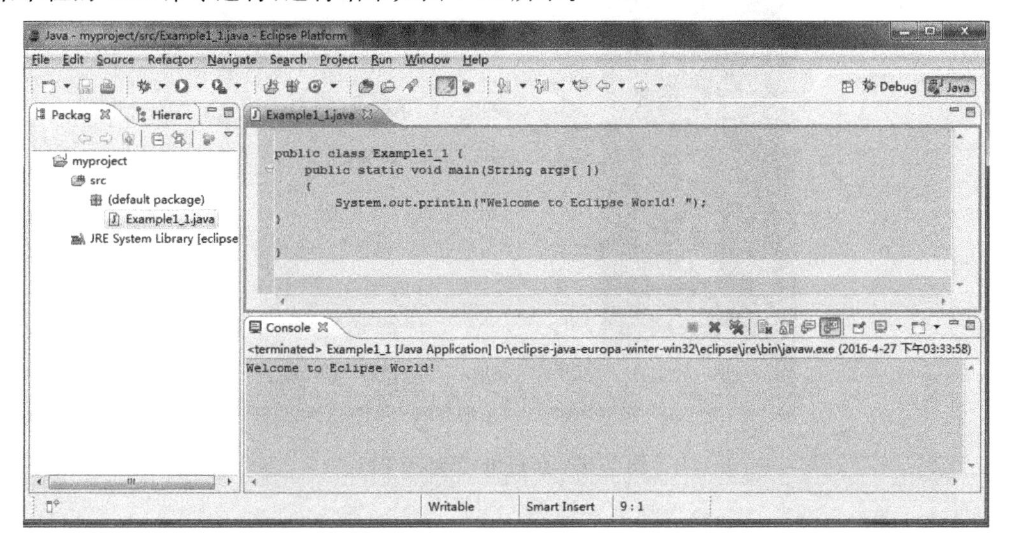

图 1-15　运行结果

1.3.3 JCreator 的安装和使用

JCreator 是 Xinox Software 公司开发的用于 Java 程序设计的集成开发环境(IDE),其为用户提供了比较强大的功能,例如项目管理、工程模板、设置语法高亮度属性、行数、类浏览器、标签文档、多功能编译器等,还具有向导功能和完全自定义的用户界面。通过 JCreator,用户不需要激活主文档即可直接编译或运行 Java 程序。

JCreator 能自动找到包含主函数的文件或包含 Applet 的 HTML 文件,然后会运行合适的工具。JCreator 的界面设计接近 Windows 的风格,用户对它的界面比较容易熟悉。JCreator 最大的特点是与用户机器中所安装的 JDK 完美结合,是其他任何一款 IDE 无法比拟的。JCreator 是自由软件,可以从网站 http://www.jcreator.com 下载。

JCreator 是一种初学很容易上手的 Java 开发工具,缺点是只能进行简单的程序开发,不能进行企业 J2EE 的开发应用。

1. 安装 JCreator

安装 JCreator 前,必须预先安装和设置好 JDK。运行 JCreator 的安装程序 setup.exe,进入安装界面,如图 1-16 所示,单击【Next】按钮,出现安装目录窗口,如图 1-17 所示。安装完成后,在 Windows 的"开始"菜单中自动添加了"JCreator Pro"菜单项。安装过程中,系统会询问 JDK 的安装目录,按照提示指定 JDK 的安装目录即可。

如果在安装 JCreator 的过程中,没有指定 JDK 的安装目录,可以选择 Configure → Options→JDK Profiles,设置到 JDK 的安装目录,如图 1-18 所示。

2. JCreator 中创建 Java 应用程序

(1) 创建新文件

在 JCreator 主界面中,单击 File →New,弹出 New 对话框,单击【files】选项卡,选择 Java

File，并输入文件名和文件存放位置，如图 1-19 所示。

图 1-16　JCreator 安装界面

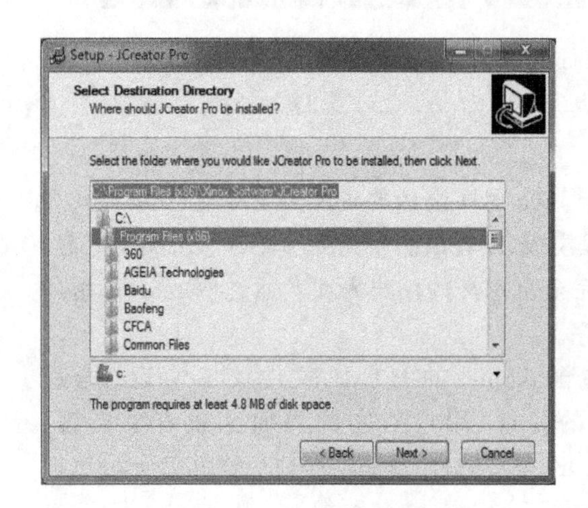

图 1-17　选择安装目录

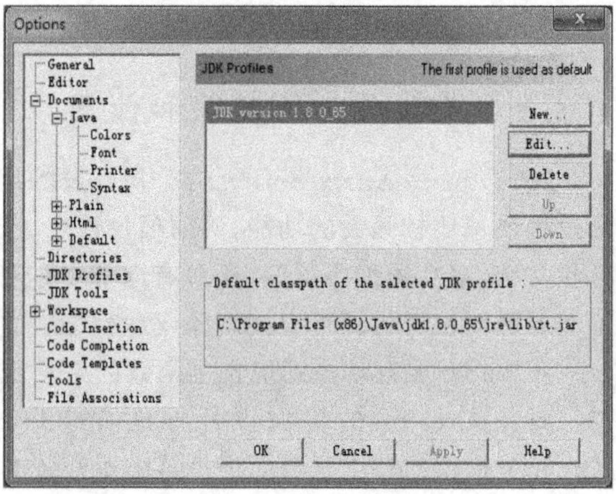

图 1-18　设置 JDK 的安装目录

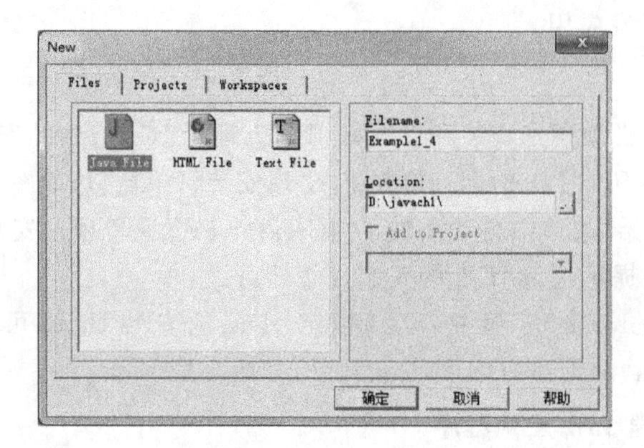

图 1-19　创建 Java 文件

(2) 编辑源程序

创建文件后,进入程序编辑窗口,如图 1-20 所示,输入如例 1-2 的程序代码,并保存。

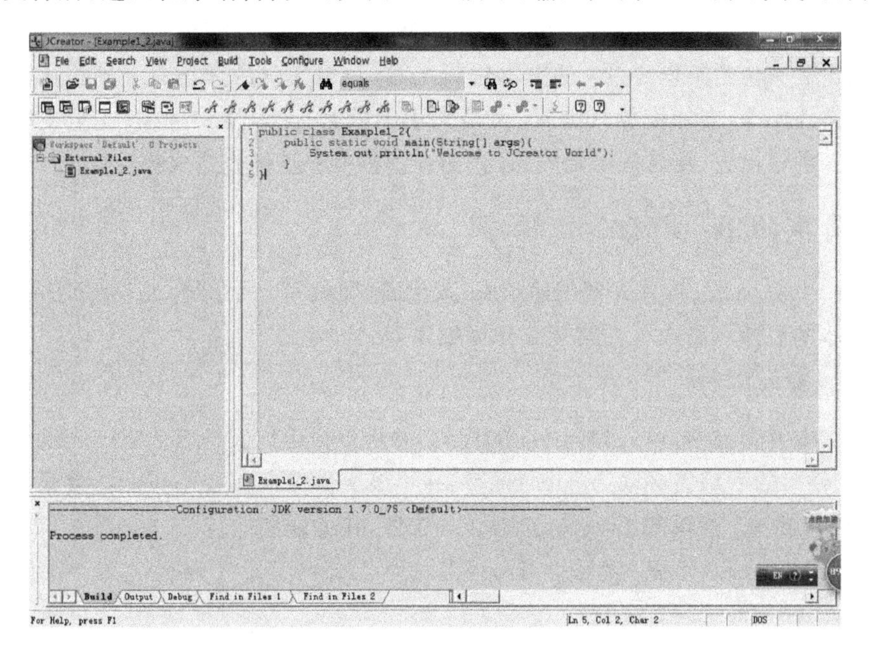

图 1-20　程序编辑

【例 1-2】　在 JCreator 中创建 Java 应用程序。

```
//Example1_2.java
public class Example1_2 {
    public static void main(String args[])
    {
        System.out.println("Welcome to JCreator World! ");
    }
}
```

(3) 编译源程序

单击工具栏的【Compile File】按钮(见图标),系统对源程序进行编译。

(4) 运行程序

单击工具栏的【Execute】按钮(见图标),系统将运行已编译的程序。

1.4　实现第一个 Java 程序

Java 程序主要分为应用程序(Application) 和小应用程序(Applet)。应用程序经过编译生成的字节码文件,由解释器执行。对于小应用程序,需要先将它编译成字节码文件,然后将该字节码文件嵌入到 HTML 文件中,由浏览器解释执行。

开发 Java 程序时,需要使用某种具有编辑功能的软件将源程序输入,并以扩展名为.java

保存源文件。如果使用 Eclipse、Jcreator、NetBeans 等集成开发工具，它们自身集编辑、编译、运行和调试功能于一体，使用非常方便。如果只安装了 JDK，还必须再选择一个文本编辑器作为编辑、修改 Java 源程序的工具，如 TextPad、Windows 中的写字板，记事本等。

TextPad 是一款功能非常强大的文本编辑工具，编辑文件的大小只受虚拟内存大小的限制。具有多文档操作、支持拖放式编辑、文档大小无限制、无限撤销操作、完全支持中文双字节、语法加亮、拼写检查、便易的宏功能、强大的查找替换和正则表达式等功能。

1.4.1 简单的 Application 程序

要建立一个 Java 程序，首先要创建 Java 源代码，即编写一个符合 Java 语法的文本文档。Java 程序基本的语法和组成将在第 2 章作详细说明。

1. 编写源程序

在一个文本编辑器中，输入如例 1-3 的代码，并将该代码以文件名为 Example1_3.java(注意：这里的文件名的后缀名必须为.java)保存，并将该文件保存在 d:\javach1 目录中。

【例 1-3】 第一个简单的 Java Application 程序，并编译和运行。

```
//Example1_3.java,代码中的主类名必须与文件名(Example1_3)相同,包括字母的大小写
public class Example1_3
{
    public static void main(String args[])
    {
        System.out.println("Welcome to Java World! ");
    }
}
```

程序说明：

(1) 用"//"开头，表示这是注释语句，注释是为读程序者提供程序代码的解释或描述，在编译源文件时，注释语句被完全忽略。

(2) 用关键字 class 定义了一个类，类名为 Example1_3，类定义由{ }括起来，类是 Java 的基本封装单元，类中封装了类的变量和类的方法。public 表明该类是公共类，可以被所有的类访问。虽然一个程序文件中可以有多个类，但只能有一个 public 类，该类为主类。主类名和程序文件名相同(包括字母的大小写)，类名是由程序设计者定义的。

(3) 在 Example1_3 中定义了一个名为 main()的方法，一个应用程序中可以有多个方法，但只能有一个 main()方法。main()方法是应用程序的执行入口，如果没有该方法，程序无法运行。当一个类中有 main()方法，执行命令"java 类名"，则会启动虚拟机执行该类中的 main 方法。main()方法必须用语句"public static void main(String args[])"定义。

• public：表明该方法是一个公共方法，public 方法可以被类的对象使用。

• static：表明该方法是一个静态方法，静态方法是类的方法，而不是对象的方法，静态方法可以通过类名直接调用，该程序中通过类名 Example1_3 访问。

• void：表示 main()方法执行后没有返回值。

• String args[]：是 main()方法传递的参数，参数名为 args，参数类型为 String(注意：

String 的第一个字母是大写)类型的数组。

(4) main()方法中只包含一条语句"System. out. println("Welcome to Java World! ");",其功能是在命令窗口中输出字符串"Welcome to Java World!"。

- System:是 Java 类库中的一个类,使用该类可以获得 Java 运行环境的有关信息和输入、输出信息。
- out:是 System 类中的一个对象。
- println:是 out 对象的方法,其功能是向标准输出设备即显示器输出括号中的字符串。

2. 编译源程序

调用 Java 编译程序 javac. exe,将源文件 Example1_3. java 编译生成类文件 Example1_3. class。

编译方法:单击【开始】按钮,在开始菜单最下面的文本框中输入"cmd"并回车,进入 MS-DOS 命令行窗口。在 MS-DOS 命令提示符下输入下列命令,回车执行,进行编译。

```
d:                         //改变盘符,当前为 D 盘
cd javach1                 //当前目录为 javach1
javac Example1_3. java     //编译
```

如果编译成功,则在当前目录中生成类文件 Example1_3. class。

如果源程序中存在错误,则编译不通过,会显示错误信息。修改错误后,再次编译。

3. 运行类文件

调用 Java 解释程序 java. exe,对类文件 Example1_3. class 解释运行,并输出结果。在 MS-DOS 命令提示符下输入下列命令,并回车执行。

```
java Example1_3
```

Example1_3. class 文件的运行结果,将在命令窗口中输出,如图 1-21 所示。

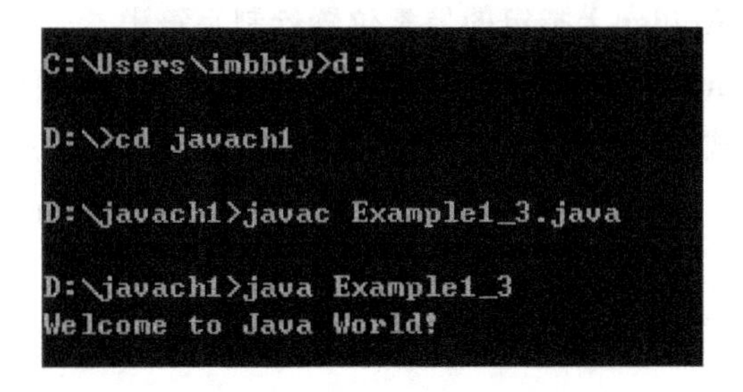

图 1-21 应用程序编译、运行界面

1.4.2 简单的 Applet 小应用程序

Java 小应用程序(Applet)是一种可嵌入到 Web 文件中的小型程序,Applet 程序不需要 main()方法,它不能独立运行,必须嵌在超文本文件中,在支持 Java 虚拟机的 Web 浏览器中运行。

1. 编写源文件

在一个文本编辑器中,输入如例 1-4 的代码,并将该代码以文件名为 Example1_4. java 保存在 d:\javach1 目录中。

【例 1-4】 第一个简单的Java Applet,绘制字符串。

```
//Example1_4.java,简单的 Applet 程序
import java.awt.Graphics;        //导入 Java 包中的类
import javax.swing.JApplet;
public class Example1_4 extends JApplet
{
    public void paint(Graphics g)
    {
        g.drawString("Welcome to Java World! ",30,30);
    }
}
```

程序说明：

(1) 语句 import java.awt.Graphics,表示导入 java.awt 包中的 Graphics 类,用 Graphics 类可以绘制各种图形和字符串。

(2) 语句 import javax.swing.JApplet,表示导入 javax.swing 包中的 JApplet 类,创建一个 JApplet 类必须从 JApplet 类继承。

(3) 语句 public class Example1_4 extends JApplet,是类的声明,定义了一个类名为 Example1_4 的 Applet 类,关键字 extends 表示继承。

(4) 语句 public void paint(Graphics g),是声明了一个 paint()方法,paint()方法由 Applet 容器调用执行。

(5) 语句 g.drawString("Welcome to Java World!",30,30),通过引用变量调用 Graphics 对象的 drawString()方法,在 Applet 上指定的像素位置绘制字符串。

由于 Applet 没有 main()方法作为 Java 解释器的入口,必须编写 HTML 文件,并把 Example1_4.java 编译生成的 Example1_4.class 文件嵌入到该 HTML 文件中。

使用文本编辑器,建立 HTML 文档文件 Example1_4.html,代码如下：

```
<html>
    <applet code = "Example1_4.class" width = "300" height = "40">
    </applet>
</html>
```

2. 运行 Java 小应用程序

运行 Java 小应用程序有两种方法：一种方法是在支持 Java 的浏览器(如微软的 IE)上运行。另一种方法是在 MS-DOS 方式下,输入命令并执行：

```
d:
cd javach1
Applet Viewer Example1_4.html
```

屏幕将弹出一个窗口，如图 1-22 所示。

图 1-22　小应用程序运行结果

1.4.3　Java 的注释

Java 中注释的方式有以下三种。

1. “//”注释 1 行

“//”是注释的开始，行尾表示注释结束，一般用于说明变量和语句的功能等。如下所示：

```
sum = sum + score;      //sum 是累加器，用于累计学生成绩
```

2. /＊…… ＊/一行或多行注释

/＊……＊/注释若干行，通常用于提供文件、方法、数据结构等的意义与用途的说明，或者算法的描述。一般位于一个文件或者一个方法的前面，起到引导的作用，也可以根据需要放在合适的位置。

```
/＊
本方法用于判断是否为素数
开发者：大友
＊/
```

3. /＊ ＊…… ＊ ＊/文档注释

文档注释一般放在一个变量或函数定义说明之前，表示该段注释应包含在自动生成的任何文档中（即由 javadoc 生成的 html 文件）。这种注释都是对声明条目的描述。

小　　结

在本章中，首先介绍 Java 语言的发展过程、Java 语言的特点、平台无关性、Java 虚拟机以及 Java 平台的工作原理。

其次，详细地讲述安装和配置 Java 开发工具的步骤，介绍 Java 的集成开发环境，Eclipse 和 JCreator 的安装和使用，通过 Java 应用程序在两种环境下的编辑和执行，可以了解 Java 程序分别在 Eclipse 和 JCreator 环境下的开发、编译和运行的大致流程。

最后，介绍了 Java 第一个 Application 程序和 Applet 小应用程序的实现。通过实现第一个 Java 程序，了解 Java 程序的基本结构和简单的语法，并对 Java 语言的注释做了说明。

习　题

1. 简述 Java 语言的发展历程。

2. Java 语言的主要特点有哪些？

3. 简述 Java 虚拟机的工作机制。

4. 什么是字节码？字节码是怎么生成的？

5. 简述 Java 程序的开发过程。

6. 简述 Java 应用程序的两种分类及用途。

7. 如何在命令行状态下编译和运行 Java 程序？

8. 什么是 JDK？

9. 编写程序，实现在屏幕显示“这是我的第一个 Java 程序”，分别用 Java Application 和 Java Applet 两种形式实现。

第2章　Java基本语法

任何一门程序设计语言都要遵循一定的语法规范，Java语言也不例外。本章主要介绍Java的基本语法，包括关键字、标识符、基本数据类型、常量、变量、运算符、表达式、数组、方法，以及基本的程序设计控制流程等。任何一个复杂的程序都是由这些基本元素组合而成的，本章内容也是Java语言学习的核心与基础。

本章学习目标：

1. 能根据需要定义各种变量。
2. 能对变量正确赋值。
3. 能对变量进行各种运算。
4. 能使用控制语句控制程序的运行。
5. 能熟练使用数组。
6. 能封装方法。
7. 能调用方法。

2.1　标识符与关键字

2.1.1　标识符

标识符(identifier)的作用是用于标识程序中的各个元素，如常量、变量、类、方法等。在Java语言中，标识符是以字母、下画线(_)、美元符($)开始的一个字符序列，后面可以跟字母、下画线、美元符、数字(0~9)，Java语言对标识符的长度没有限制，但需要注意的是标识符第一个字符不能是数字，标识符也不能使用Java的关键字。例如，var2、userName、User_Name、_sys_val、$change为合法的标识符，而5room、stu#、class、x+y都为非法的标识符。

Java语言对字母的大小写是敏感的，即大写字母和小写字母代表不同的标识符，例如AG、Ag、aG、ag是四个不同的标识符。标识符的命名要有利于程序的可读性，因此通常对标识符的命名有一些常用的约定：

(1) 常量名全部用大写字母命名，如PI、RED。

(2) 类名用大写字母开始，如Area、Student。

(3) 变量名、对象名、方法名、包名等全部采用小写字母，如果变量名由多个单词构成，则第一个单词后面的单词以大写字母开始，如speedCar、varCount、getYear。

2.1.2　关键字

关键字(keyword)也称为保留字，是指Java语言中已定义的、具有特殊含义的字符序列。

每一个关键字都有一种特定的含义，不能将关键字作为一般的标识符来使用。Java 语言中的关键字均用小写字母表示，具体如下：

abstract，break，byte，boolean，catch，case，class，char，continue，default，double，do，else，extends，false，final，float，for，finally，if，import，implements，int，interface，instanceof，long，length，native，new，null，package，private，protected，public，return，switch，synchronized，short，static，super，try，true，this，throw，throws，threadsafe，transient，void，while 。

2.2 数据与数据类型

2.2.1 数据的类型

计算机的核心功能是处理数据，所以任何计算机语言中数据是最重要的概念，而在计算机中数据的表现为数据值。计算机要处理数据的首要问题是数据值在计算机内存中的存储，而要存储数据值则必须要先确定数据的大小与格式，即数据值的类型，然后再考虑数据值的记录方式。

程序中的任一数据都具有某一特定的类型，类型决定了数据值的表示方式、取值范围以及可以进行的数据操作。例如，Java 中的整型（int 型）数据的取值范围为 $-2^{31} \sim 2^{31}-1$，可以进行加、减、乘、除等运算；逻辑型（boolean 型）数据取值只有 true 和 false 两种，只能参与逻辑运算。不符合该数据类型的操作都属于非法操作。

Java 的数据类型分为两大类：基本数据类型和复合数据类型。基本数据类型由简单数据组成的数据类型，其数据不可再分解，可以直接参与该类型允许的运算。Java 中的基本数据类型包括整型、浮点型、字符型和布尔型。复合数据类型是指由基本数据类型组合而成的较复杂的数据类型，例如数组（array）、类（class）和接口（interface）。Java 数据类型分类如图 2-1 所示。

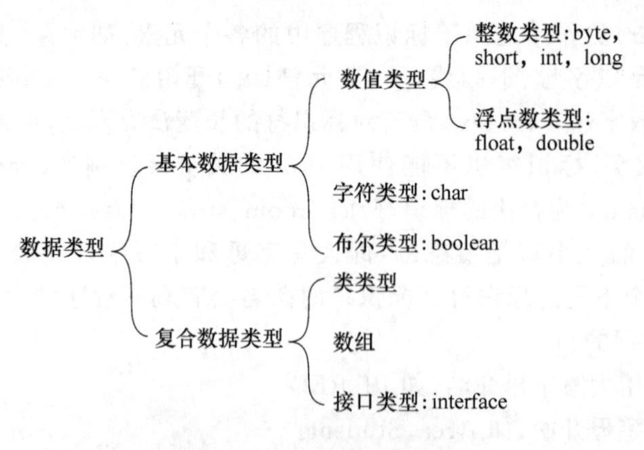

图 2-1 Java 数据类型分类

2.2.2 基本数据类型

基本数据类型也称为定长数据类型，固定长度的数据值直接存储在分配的内存空间之中。Java 中的基本数据类型分为 4 大类：整型、浮点型、字符型和布尔型，其中根据精度的不同，整型又可分为 byte、int、short 和 long 四种，浮点型可分为 float 和 double 两种。不同的类型占用不同的字节宽度，同时也具有固定的默认值，具体见表 2-1 所示。

表 2-1　基本数据类型

数据类型	关键字	占用位数	取值范围	默认值
布尔型	boolean	8	true, false	false
字符型	char	16	'\u 0000' ～ '\u FFFF '	
字节型	byte	8	－128～127	0
短整型	short	16	－32768～32767	0
整型	int	32	－2147483648～ 2147483647	0
长整型	long	64	$-2^{-63} \sim 2^{63}-1$	0
浮点型	float	32	1.40129846432481707e－45～ 3.40282346638528860e＋38	0.0
双精度型	double	64	4.94065645841246544e－324～ 1.79769313486231570e＋308d	0.0

1. 整型

整型用于表示那些没有小数部分的数据类型，可以表示负整数、零和正整数。在 Java 语言中，整型又细分为 byte、int、short 和 long 四种类型，具体见表 2-1。需要注意的是，在 Java 中对于一个给定的整数，默认是 int 类型，若要将一个整数表示为 long 型，需要在数值后添加后缀 L 或 l，如 123L、456l。

整型数据可以采用不同的进制来表示，常用的进制有二进制、八进制、十进制和十六进制。

(1) 二进制：用 0～1 的数字表示的数，以 0b 为前缀，例如 0b110、0b10101。

(2) 八进制：用 0～7 的数字表示的数，以 0 为前缀，例如 0777、0123。

(3) 十进制：用 0～9 的数字表示的数，没有前缀，如 120、－88。

(4) 十六进制：用 0～9 的数字，再加上字母 a～f 或 A～F 表示的数，以 0x 或 0X 为前缀，如 0xFFA12、0X246CF。

2. 浮点型

浮点型用于表示带小数点的数，即数学中的实数。根据精度的不同，浮点型又可细分为 float 和 double 两种类型，其中 double 类型的数值需在内存中占用 8 个字节，数值的精度更高，float 类型的数值占用 4 个字节，数值精度较低。需要注意的是，在 Java 中对于一个给定的实数，默认是 double 类型，若要将一个实数表示为 float 型，需要在数值后添加后缀 F 或 f，如 1.23F、－0.456f。

浮点型数值有以下两种表示方法。

(1) 标准计数法：由整数部分、小数点和小数部分组成，如 12.34、－9.987 等。

(2) 科学计数法：由尾数、E 或 e 和阶码组成，也称为指数形式，如 3.14E5 表示 3.14×10^5，1.2e－9 表示 1.2×10^{-9}，其中 3.14、1.2 称为尾数，5、－9 称为阶码，阶码可以为负数，但必须是整数。

3. 字符型

字符型(char)用于表示 Unicode 字符,一个字符在内存中占有 2 个字节,每个字符都与一个 Unicode 码值相对应。字符型数据的表示方法包括:

(1) 用单引号括起来的单个字符,如'A'、'b'等。

(2) 用 Unicode 码表示,如\u0041 表示'A',\u0061 表示'a'。(注:Unicode 字符采用十六进制编码表示,范围是\u0000~\uFFFF,\u 是前缀,表示这是一个 Unicode 值,后面 4 个数位表示实际的 Unicode 编码。)

(3) 用转义字符表示,Unicode 字符集中的控制字符(如回车)不能通过键盘输入,另外还有一些标点符号(如单引号),这些都需要通过转义字符来表示。常用的转义字符如表 2-2 所示。

表 2-2 常用的转义字符

转义字符	功能	Unicode 值	转义字符	功能	Unicode 值
\n	换行	\u000a	\'	单引号	\u0027
\t	水平制表(Tab)	\u0009	\"	双引号	\u0022
\b	退格	\u0008	\\	反斜杠	\u005c
\r	回车	\u000d	\ddd	3 位八进制表示的字符	
\f	换页	\u000c	\uxxxx	4 位十六进制表示的字符	

4. 布尔型

布尔型(boolean)用于表示逻辑值,因此也称为逻辑类型。布尔型数据只占用 1 个字节,在 Java 中布尔型只有 true 和 false 两个值,分别表示真和假。需要注意的是,Java 中的布尔型数据只能进行逻辑运算,不能参加算术运算。

2.2.3 复合数据类型

复合数据类型也称为用户自定义类型,即使用基本数据类型根据用户需要组合成的新的数据类型。复合数据类型的长度根据用户的需要而不定,因此属于变长数据类型。

字符串类型(String)就是一种复合数据类型,字符串是由多个字符组成的字符序列,内存存储实际是字符格式。为与单个字符进行区分,字符串类型数据是用双引号括起来的若干字符,例如"abcd""cart2""a+b * c"都是字符串。由此可见,'a'与"a"是有区别的,前者是字符型,后者是字符串类型。有关字符串类型的操作,后文将详细介绍。

用户自定义类型数据值与基本类型数据值,在存储空间的分配方式上是不同的:基本数据类型是事先分配,即加载时分配;用户自定义类型是数据值确定的时候分配,即运行时分配。

2.3 常量与变量

2.3.1 常量

在整个程序执行过程中,数据值始终保持不变的量称为常量。Java 中的常量有整型、浮点型、字符型、布尔型和字符串型常量，如 56、3.14、false、'a'、"hello world"等，此外还可以采用标识符来表示常量，称为符号常量。

符号常量必须先申明，后使用。符号常量的声明形式如下：

final [修饰符] 数据类型 常量名=[初始值]；

其中修饰符限定了该常量的使用范围，如 public、private 等，修饰符也可以省略；数据类型是指基本的数据类型标识，如 int、double、boolean 等；常量名需遵守基本的标识符命名规范。

例如：

```
final double PI = 3.1415926;
final int MAX = 1000;
```

常量不一定要求定义的时候必须赋值，但只能赋值一次，赋值完成以后就不能再修改。考虑以下赋值语句：

```
final int ii = 20;        //在定义的时候初始化
ii = 30;                  //不允许，因为常量不能二次赋值
final int j;
j = 20;                   //允许，因为常量 j 在这里是第一次赋值
j = 30;                   //不允许，因为常量不能二次赋值
```

2.3.2 变量

变量是指在程序运行中，数据值可以改变的量。变量必须先声明才能使用，对于任一变量，需要注意以下四个方面：变量名、数据类型、作用范围和初始值。变量名是由程序编写者所取的名称，除遵循标识符命名规范外，一般还要求变量名能够反映一定的意义，以增强程序的可读性。数据类型包括基本类型和复合类型，每一个变量都有固定的数据类型，在变量声明时进行定义，且定义完成以后，该变量的数据类型就不能再改变。变量的作用范围由定义中的作用域修饰符决定。

1. 变量的定义

变量的定义语法为：

```
[修饰符] 数据类型  变量名[ = 值];                          //定义一个变量
[修饰符] 数据类型  变量名 1[ = 值] ,变量名 2 [ = 值] ,……;   //定义多个变量
```

定义一个变量，系统即为该变量分配了内存空间，内存空间的大小由该变量的数据类型决定，例如 int 型为 4 个字节，boolean 型为 1 个字节。可以同时定义多个同一数据类型的变量，变量之间以逗号相隔。注意：这里的等号是赋值号，不是比较相等。

以下都是合法的变量定义：

```
private int age = 18;
char x = 'a',y;
boolean t = false;
public String s1 = "abcdefg",s2;
```

2. 变量的初始化与赋值

变量的赋值语法为

变量名 = 值； //值可以是数据值、另外一个变量、表达式、函数调用；

给变量第一次赋值称为变量的初始化。在 Java 中可以有两种方法对变量进行赋初值。

(1) 在定义变量的同时进行初始化，例如：

float a = 1.25；

(2) 先定义变量，然后使用赋值语句进行初始化赋值，例如：

float a；

a = 1.25；

在 Java 中，变量如果没有初始化，编译器会提供初始值。具体来说，逻辑变量默认初始值是 false；字符变量默认是空字符(码值为 0 的字符)；整型变量默认值是 0；小数变量默认值是 0.0；用户自定义类型变量默认值是 null。

变量赋值的注意事项：

(1) 赋值的类型要匹配，即值的类型与变量的类型要一致。

(2) 赋值的大小不能超过变量数据类型的范围，例如 byte 类型的赋值范围为－128～127。

(3) 赋值可以是直接的数据值，也可以是另外一个变量、表达式或者函数。

(4) 使用变量赋值的时候，注意各数据类型的宽度，短类型可以赋值给长类型，反之不行。例如 int i＝10；long lx＝i；可以直接将 i 赋值给 lx。

(5) 可以将一个整数赋值给字符型变量，例如 char m＝97；m 的值为'a'。

以下都是合法的赋值语句：

```
boolean   b_data;
b_data = true;                        //先定义再赋值
boolean   isrunning = false;          //定义的同时赋值
boolean   isup = true,isdown = false,isright;  //多个变量同时赋值,isright 未赋值默认初始值为 false
char  c1,c2;
c1 = 'A';                             //直接赋字符值
c1 = 65;                              //赋 Unicode 码值(十进制)
c1 = '\n';                            //赋转义字符值
c1 = '\u4e2d';                        //赋 Unicode 码值(十六进制)
c2 = '中';                            //Java 支持 Unicode 字符—汉字本地字符
byte d_byte = 127;                    //赋值范围 - 128～127
short d_short = 200;                  //赋值范围 - 32768～32767
byte b1 = 'c';                        //赋字符值,不能赋字符变量
short s1 = c1;                        //赋字符变量
s1 = d_short;                         //赋另外一个整数变量
float   f = 5.555555f;                //正负 3.4028235E + 38F 范围内
int   i = 20;                         //直接赋值
float f = i;                          //用来给另外一个变量赋值
int j = i + 20;                       //用在表达式中
System.out.println(j);                //用在函数调用中
```

3. 变量的类型转换

给变量赋值的时候，如果变量的类型与值的类型不一致，则有两种可能情形存在：一是错误，编译器提示类型错误不能赋值；二是成功，编译器自动把值的类型进行转换。Java 提供两种转换的方式，一种是隐式转换（编译器自动转换），另一种是强制转换（在代码中使用转换语法）。

(1) 隐式转换

隐式转换也分为两种情况：一是在赋值的时候，如果将短类型数据赋给长类型，由编译器自动完成类型转换；二是在进行表达式计算时，如果短类型数据与长类型数据一起进行运算，系统会自动将短类型转换成长类型数据后再进行运算。

例如：

```
byte b = 35;
int i = b;
long l = i * b;
```

不同数据类型之间一般不能转换，如逻辑型不能转换为数值型。各类型可以隐式转换的包括以下几种。

- byte：short　int　long　float　double
- char：int　long　float　double
- short：int　long　float　double
- int：long　float　double
- long：float　double
- float：double

(2) 强制转换

如果将长类型数据赋给短类型变量，就必须使用强制转换，否则系统会报错。

强制类型转换的格式为

```
(数据类型)表达式      //将表达式转换成小括号里的类型
```

例如：

```
long  lx = 45000;
int i;
i = (int)lx;     //将 long 类型变量强制转换成 int 类型
```

特别注意 char 和 short 类型，两者都是 2 个字节宽度，不能进行自动转换。例如：

```
char  c = 'A';
short s = c;      //不会自动转换，尽管 char 与 short 都是 2 字节，但出现数据范围不同
int i = c;        //会自动转换，char 空间小于 int，转换不会丢失数据
```

可将上面前两行语句修改为

```
char c = 'A';
short s = (short)c;     //强制转换为 short 类型
```

需要注意的是：通过强制类型转换，可将数据范围宽的数据转换成范围低的数据，但这可能会导致溢出或精度的下降。如：

```
int i = (int)23.67;     //i 的值为整数 23
```

同样，不同的数据类型之间也不能强制转换，如：

```
char c = (char)true;      //错误,boolean 型不能转换为数字型,反之亦然
int i = (int)"1234";      //错误,字符串类型不能转换为整数类型
```

4. 变量的作用域

变量的作用域与他定义的位置和修饰符号有关。通常变量可以在两个位置定义:一是在类块中定义的变量,称为成员变量;二是在函数块(方法)中定义的变量,称为局部变量。例如:

```
class   ClsA{
    int m_a = 20;             //成员变量
    public static void main(String[] args){
        int a = 30;           //局部变量
    }
}
```

影响变量作用域的修饰符号是 static,用 static 修饰的变量称为类变量,或静态变量。注意:static 只能修饰在类块中定义的变量,而不能修饰函数块中定义的变量,即成员变量若有 static 修饰则称为类变量,作用域是整个类,可以直接用“类名.变量名”来引用,不需要产生类的具体实例。例如:

```
class ClsA{
    static int m_a = 20;      //类变量
}
```

在其他类中若要使用该变量,则可以直接用 ClsA.m_a。有关类变量与实例变量将在教材第 3 章中详细叙述。

成员变量与局部变量的区别:

(1) 局部变量的作用域仅限于函数块(方法)中。

(2) static 只能修饰成员变量,而不能修饰局部变量。

(3) 定义好的局部变量必须赋初值。

2.4 基本输入与输出

前文介绍了 Java 中的基本数据类型以及常量和变量,利用这些数据就可以完成一些最简单的程序。在程序设计中,数据的输入和输出是非常普遍的,因此本小节将主要介绍几种常见的输入输出方式。

2.4.1 数据的输入

1. 标准输入

标准输入方法是指使用 read 方法读取从键盘输入的字节。具体格式如下:

(1) System.in.read();

(2) System.in.read(byte buffer[],int start,int size);

read()是通过标准输入流从键盘读取一个字节;read(byte buffer[],int start,int size)可

以一次性从键盘读取多个字节，存放在缓冲区 buffer 中，存放的位置由参数 start 决定，读取的个数由参数 size 决定。

但要注意的是，在 Java 中使用 read()方法时，必须要采用“异常处理”机制。从键盘进行标准输入时，可以在 main 方法的末尾加一个 throws IOExeception，表示在使用 System. in. read 语句时，如果出现异常情况，由 Java 系统自行处理。具体关于 Java 的异常处理将在后面章节详细介绍。

IOExeception 是标准输入输出异常类，位于 java. io 包中，因此在程序的第一行还需加上引入包的语句：import java. io. * 。我们先看两个标准输入的程序。

【例 2-1】 简单的字符输入应用程序。

```
import java.io.*;
class Example2_1{
public static void main(String  args[]) throws IOException{
    char c;
    System.out.println("请输入一个字符:");
    c = (char)System.in.read();
    System.out.println("输入的字符是:" + c);
    }
}
```

当输入字符 a 时，程序运行结果如图 2-2 所示：

该程序的功能是从键盘上输入一个字符，在屏幕上显示该输入的字符。System. in. read ()从键盘获取一个字符，得到的是该字符对应的 Unicode 编码，因此通过类型强制转换可以转换为 char 类型。

【例 2-2】 简单的数字输入程序。

```
import java.io.*;
class Example2_2{
public static void main(String  args[]) throws IOException{
    int x,y;
    System.out.println("请输入一个 0～9 之间的数:");
    x = (int)System.in.read();
    y = x - 48;
    System.out.println("输入的数是:" + y);
    }
}
```

当输入数字字符 8 时，程序运行结果如图 2-3 所示：

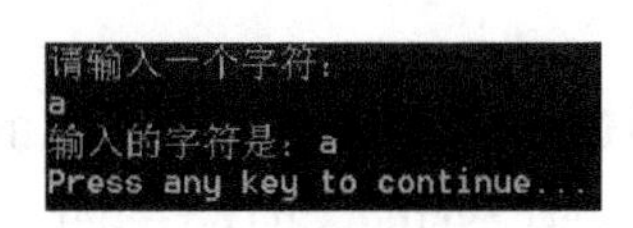

图 2-2 例 2-1 程序运行结果

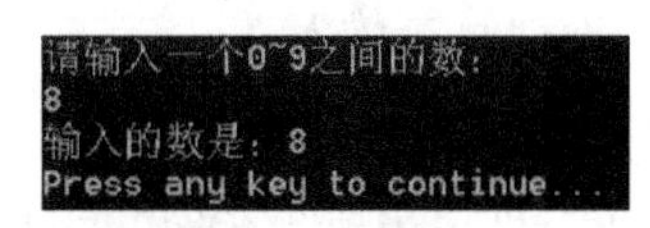

图 2-3 例 2-2 程序运行结果

System. in. read()得到的是该字符对应的 Unicode 编码，因此需要进行一定的处理才能变成对应的数值。表 2-3 列出了常用的数字字符和英文字符的 Unicode 码值。

表 2-3　常用数字和英文字符的 Unicode 码值

字符	十进制	十六进制	字符	十进制	十六进制	字符	十进制	十六进制
0	48	30	A	65	41	a	97	61
1	49	31	B	66	42	b	98	62
2	50	32	C	67	43	c	99	63
3	51	33	D	68	44	d	100	64
4	52	34	E	69	45	e	101	65
5	53	35	F	70	46	f	102	66
6	54	36	G	71	47	g	103	67
7	55	37	H	72	48	h	104	68
8	56	38	I	73	49	i	105	69
9	57	39	J	74	4A	j	106	6A
			K	75	4B	k	107	6B
			L	76	4C	l	108	6C
			M	77	4D	m	109	6D
			N	78	4E	n	110	6E
			O	79	4F	o	111	6F
			P	80	50	p	112	70
			Q	81	51	q	113	71
			R	82	52	r	114	72
			S	83	53	s	115	73
			T	84	54	t	116	74
			U	85	55	u	117	75
			V	86	56	v	118	76
			W	87	57	w	119	77
			X	88	58	x	120	78
			Y	89	59	y	121	79
			Z	90	5A	z	122	7A

2. 利用 Scanner 类输入

Scanner 是 SDK1.5 新增的一个类，可是使用该类创建一个对象，接收从键盘的输入。如创建对象 reader，可使用语句：Scanner reader＝new Scanner(System.in)；reader 通过调用各种方法，读取用户在命令行输入的各种数据类型，直到输入回车键确认结束。

Scanner 类在包 java.util 中，使用时需使用 import java.util.＊引入。使用 Scanner 类接收输入数据时不需要进行异常处理，Scanner 类可以一次性接收多个字节的输入，数据类型丰富，因此在本章节中将主要采用 Scanner 类作为输入，具体代码如下：

【例 2-3】 使用 Scanner 类进行输入的示例。

```
import java.util.*;
public class Example2_3{
public static void main(String args[]){
System.out.print("请输入一个整数:");
Scanner s = new Scanner(System.in);
int a = s.nextInt();
System.out.println("输入的数为:" + a);
}
}
```

当输入 365 时，程序运行结果如图 2-4 所示。

```
请输入一个整数: 365
输入的数为: 365
Press any key to continue...
```

图 2-4 例 2-3 程序运行结果

输入的是一个整数，所以该程序使用了方法 nextInt，类似的还有 nextLong、nextFloat、nextDouble、nextBoolean 等。如果想输入一串字符串，可以使用 nextLine 方法，如：

```
Scanner reader = new Scanner(System.in);
String str = reader.nextLine();
```

3. 命令行参数输入

所谓的命令行参数是指在命令行中执行某个 Java 程序时直接将一些参数发送给程序，通过一些特殊的处理，我们可以在程序中获取这些参数的值，并运行到程序的执行过程中。例如，我们在命令行执行一个程序 Selemax，该程序的功能是从输入的三个数中找出最大的数，那我们就可以采用命令行方式来运行：

```
java Selemax 3 15 9
```

Java 程序是利用 main()方法的参数来从命令行接收参数的，具体而言，是通过 main()方法中 String args[]这个字符串数组来接收命令行参数的，关于字符串数组下文将会有详细介绍。我们来看一个具体的例子。

【例 2-4】 命令行参数输入示例。

```
public class Example2_4{
public static void main(String args[]){
    int a,b,c;
    a = Integer.parseInt(args[0]);
    b = Integer.parseInt(args[1]);
    c = a + b;
    System.out.println("输入的两个参数的和为:" + c);
}
}
```

该程序是将命令行参数相加并进行输出。在命令行输入的参数，系统都将其作为字符串，如果想将参数作为数值参与运算，需要使用一些方法，如 parstInt()方法就是将字符串转变为整型。

带命令行参数的程序执行时必须赋值给参数，如图 2-5 所示命令提示符界面下的执行过程。

```
D:\javach2>javac Example2_4.java

D:\javach2>java Example2_4 10 4
输入的两个参数的和为：14
```

图 2-5　例 2-4 程序运行结果

2.4.2　数据的输出

1. 标准输出

标准输出方法是向标准输出设备输出表达式的值。具体格式如下：

(1) System. out. print(表达式)；

(2) System. out. println(表达式)。

print 和 println 的区别在于：print 是按紧凑格式进行下一个输出，不产生回车换行的效果；println 输出结果以后，会自动产生一个回车换行，下一个输出则会从下一行开始，因此很多程序中会使用语句 System. out. println()；进行换行操作。

2. 格式化输出

可以应用 System. out. printf()方法进行格式化输出，printf 方法中常用的格式说明符如表 2-4 所示。

表 2-4　printf 方法中常用的格式说明符

格式说明符	功　能	格式说明符	功　能
%b	输出布尔值，对应的参数类型为 boolean	%f	输出浮点型数值，对应的参数类型为浮点型
%c	输出字符，对应的参数类型为 char	%s	输出字符串，对应的参数类型为 String
%d	输出整型数值，对应的参数类型为整型		

例如：

```
int a = 20,b = 30;
System.out.printf("a = %d,b = %d",a,b);               //a = 20,b = 30
System.out.printf(" %s %s","hello","world");          //hello world
```

2.5　运算符与表达式

2.5.1　运算符介绍

运算符用于对各操作数进行运算。按操作数的个数分，可分为单目运算符、双目运算符和三目运算符。按运算符的功能分，可分为算术运算符、关系运算符、逻辑运算符、位运算符、赋值运算符、条件运算符以及其他运算符。

1. 算术运算符

算术运算符主要用于整型和浮点型数据的算术运算。算术运算符包括：+（加）、-（减）、*（乘）、/（除）、%（取余）、++（自增）和--（自减），具体操作符及其功能见表2-5所示。

表2-5 算术运算符

运算符	用例	功能	运算符	用例	功能
+	a+b	求a与b的和	%	a%b	求a除以b的余数
-	a-b	求a与b的差	++	a++或++a	a的值增加1
*	a*b	求a与b的乘积	--	a--或--a	a的值减少1
/	a/b	求a除以b的商			

需要注意的是："+，-，*，/"既可以用于整型数据也可以用于浮点型数据，而"%"只能用于整型数据运算。当两个整型数据进行"/"运算时，结果也必须是整数类型，如5/2=2、10/3=3。

"++"和"--"都是单目运算符，只能用于整型数据，对于单个变量而言两者没有区别，但是当与其他运算符和数据一起使用时，"++"和"--"所处的前后位置不同，表达式的结果是不一样的。具体而言，"++"或"--"在前，变量先自增（减），修改变量的值后用这个新值参与表达式的运算；"++"或"--"在后，先计算复杂表达式的值，变量再自增（减）。

例如：

```
int a = 5,b;
b = ++a * 3;     //b = 18,a = 6
int a = 5,b;
b = a++ * 3;     //b = 15,a = 6
```

下面是算术运算符示例：

```
42 + 5              //结果为 47
42 - 5              //结果为 37
42 * 5              //结果为 210
42/5                //结果为 8
42 % 5              //结果为 2
-42 % 5             //结果为 -2,余数的符号要与被除数一致
int i = 6,j = 0;
i++ ;               //i = 7
++i;                //i = 8
i-- ;               //i = 7
--i;                //i = 6
j = --i * 4 + i++ * 4   //i = 6, j = 40
```

2. 关系运算符

关系运算符用于两个操作数之间的比较运算。运算关系符包括：>（大于），<（小于），>=（大于等于），<=（小于等于），==（等于），!=（不等于）。关系运算的结果是一个布尔

值，如果关系成立，则结果为 true，否则结果为 false。具体操作符及其功能见表 2-6 所示。

表 2-6　关系运算符

运算符	用例	功　能
＞	a＞b	如果 a＞b 成立，结果为 true，否则为 false
＜	a＜b	如果 a＜b 成立，结果为 true，否则为 false
＞＝	a＞＝b	如果 a＞＝b 成立，结果为 true，否则为 false
＜＝	a＜＝b	如果 a＜＝b 成立，结果为 true，否则为 false
＝＝	a＝＝b	如果 a 与 b 相等，结果为 true，否则为 false
!＝	a!＝b	如果 a 与 b 不相等，结果为 true，否则为 false

需要注意的是：＞，＜，＞＝，＜＝这四个关系运算符只能用于整型、浮点型和字符型数据，＝＝和!＝运算符除整型、浮点型和字符型数据以外，还可以用于布尔型和字符串型数据。两个字符串型数据比较是否相等，将会按照 Unicode 编码值从左至右逐个字符比较。

下面是关系运算符示例：

```
42>5                //结果为 true
42<5                //结果为 false
42>=5               //结果为 true
42<=5               //结果为 false
42==5               //结果为 false
42!=5               //结果为 true
'A'==65             //结果为 true
'a'<'A'             //结果为 false
false==true         //结果为 false
"abcd"!="aBcd"      //结果为 true
```

3. 逻辑运算符

逻辑运算也称为布尔运算，是针对布尔型操作数进行的运算，具体包括 &(与)、|(或)、!(非)、^(异或)、&&(条件与)、||(条件或)。逻辑运算的结果也是一个布尔值，具体运算符及其功能见表 2-7 所示。

表 2-7　逻辑运算符

<table>
<tr><th>运算符</th><th>用例</th><th>功　能</th></tr>
<tr><td>&</td><td>x & y</td><td>x、y 都为 true，则结果为 true，否则结果为 false</td></tr>
<tr><td>|</td><td>x | y</td><td>x、y 都为 false，则结果为 false，否则结果为 true</td></tr>
<tr><td>!</td><td>! x</td><td>x 为 true，则结果为 false，反之 x 为 false，结果为 true</td></tr>
<tr><td>^</td><td>x ^ y</td><td>x、y 都为 true，或 x、y 都为 false 时结果为 false，即当 x、y 相异时结果才为 true</td></tr>
<tr><td>&&</td><td>x && y</td><td>x、y 都为 true，则结果为 true，否则结果为 false</td></tr>
<tr><td>||</td><td>x || y</td><td>x、y 都为 false，则结果为 false，否则结果为 true</td></tr>
</table>

逻辑运算符常与关系运算符一起使用，用于判断组合型关系式是否成立。

例如：

```
int score = 55;
(score> = 60) && (score< = 80)          //结果是 false
char ch = 'a';
(ch == 'A') || (ch == 'a')              //结果是 true
```

在组合型关系式中，常常使用“&&”和“||”，因为这两个运算符具有短路计算功能，而“&”和“|”则不具有这样的功能。所谓短路计算功能是指在组合条件中，从左向右依次判断条件是否满足，一旦确定结果则终止运算，不再进行剩余部分的运算。例如上述语句 (score>=60) && (score<=80) 中，“&&”左边关系式 (score>=60) 的结果为 false，则整个运算结果必然为 false，因此就不会再进行 (score<=80) 的比较运算。使用“&&”和“||”会使整个运算的效率更高。

下面是逻辑运算符示例：

```
(4>3) || (false! = true)                    //结果为 true
! (5> = 10) && (false^true)                 //结果为 true
(9>4) & ("abc" == "ABC") | (! true)         //结果为 false
```

4. 位运算符

位运算是对整型数据按二进制位进行运算，运算结果仍然是整数类型。位运算符包括：~(位取反)、&(位与)、|(位或)、^(位异或)、<<(左移)、>>(右移)、>>>(无符号右移)。位运算符及其功能见表 2-8 所示。

表 2-8　位运算符

运算符	用例	功　能
~	~a	将 a 逐位取反
&	a&b	a、b 逐位进行与操作
|	a|b	a、b 逐位进行或操作
^	a^b	a、b 逐位进行异或操作
<<	a<<b	a 向左移 b 位
>>	a>>b	a 向右移 b 位，空位若是无符号数，补 0；否则补 1。
>>>	a>>>b	a 向右移 b 位，空位用 0 填充

例如：已知 a=165，b=232，计算~a、a^b、a<<2 和 b>>>3 的值。

首先，将 a 和 b 转换为二进制数得，a=10100101，b=11101000

~a：对 a 的各二进制位取反，即~a=01011010

a^b：对 a、b 按位进行异或操作

```
   10100101
^  11101000
-----------
   01001101
```

a<<2：将 a 的二进制位向左移动 2 位，即向高位移动，末尾补 0

a<<2=1010010100

b>>>3：将 b 二进制位向右移动 3 位，即向低位移动，空位补 0

b>>>3=00011101

5. 赋值运算符

赋值运算符用于给变量赋值，=为赋值号，赋值运算的次序是从右向左，即等号右边的值赋给左边变量。

例如：

```
int a = 2,b = 3,c;
c = a + b;          //c 的值 5
a = 5 * c;          //a 的值 25
b = b + a;          //b 的值 28
```

赋值运算符可以与算术运算符、逻辑运算符、位运算符组合成复合赋值运算符，如+=、-=、*=、/=等等。表 2-9 列出了主要的复合赋值运算符。

表 2-9 复合赋值运算符

<table>
<tr><th>运算符</th><th>用例</th><th>等价于</th><th>运算符</th><th>用例</th><th>等价于</th></tr>
<tr><td>+=</td><td>x+=y</td><td>x=x+y</td><td>|=</td><td>x|=y</td><td>x=x|y</td></tr>
<tr><td>-=</td><td>x-=y</td><td>x=x-y</td><td>^=</td><td>x^=y</td><td>x=x^y</td></tr>
<tr><td>*=</td><td>x*=y</td><td>x=x*y</td><td><<=</td><td>x<<=y</td><td>x=x<<y</td></tr>
<tr><td>/=</td><td>x/=y</td><td>x=x/y</td><td>>>=</td><td>x>>=y</td><td>x=x>>y</td></tr>
<tr><td>%=</td><td>x%=y</td><td>x=x%y</td><td>>>>=</td><td>x>>>=y</td><td>x=x>>>y</td></tr>
<tr><td>&=</td><td>x&=y</td><td>x=x&y</td><td></td><td></td><td></td></tr>
</table>

下面是赋值运算符示例：

```
int i = 5, j = 8;
i * = 3;             //i 的值为 15
j<< = 2;             //j 的值为 32
```

需要注意的是：复合运算符的目的数据类型，要满足等于前的运算符参与运算的操作数的类型，即等于后的变量自动转换为左边的变量类型后进行运算，最后的返回值自动转换为左边的变量类型。

例如：

```
byte  b = 45;
double d = 45.45;
b += d;          //合法，因为 byte 与 double 符合 + 的运算类型
                 //d 先转换为 byte 型，进行完 + 运算后再转换为 byte。
b>> = d;         //不合法，因为 double 不是>>的运算类型。
```

6. 条件运算符

条件运算符"？："是一个特殊的运算符，它是一个三目运算符，即有 3 个操作数参与运算。条件运算符的基本格式为

```
e1? e2:e3
```

其中 e1 为 boolean 类型，e2 与 e3 的类型相同。若 e1 的值为 true，取 e2 的值作为最终结果；若 e1 的值为 false，取 e3 的值作为最终结果。

例如：

```
y= x>=0? x:-x;              //求|x|
max=x>y? x:y;               //求 x,y 中的较大者
input=x>=0? x:0;            //保证输入的数不为负数
```

如果不需要使用变量存储，而是直接打印输出，则 e1 和 e2 数据类型可以不同。

例如：

```
System.out.println(true? 12:"Hello");       //合法
int  k=true? 12:"Hello";                    //非法
```

2.5.2 运算符的优先级

当有多个运算符和操作数参与运算时，必须为各运算符规定一个优先级，以决定运算符在表达式中的运算次序。各运算符的优先级和结合性见表 2-10 所示。

表 2-10 运算符的优先级及结合性

优先级	描述	运算符	结合性
1	最高优先级	. [] ()	左→右
2	单目运算	+(正号) -(负号) ++ -- ~ ! 强制类型转换符	右→左
3	算术乘除运算	* / %	左→右
4	算术加减运算	+ -	左→右
5	移位运算	>> << >>>	左→右
6	关系运算	< <= > >=	左→右
7	相等关系运算	== !=	左→右
8	按位与，布尔逻辑与	&	左→右
9	按位异或	^	左→右
10	按位或，布尔逻辑或			左→右
11	逻辑与	&&	左→右
12	逻辑或	||	左→右
13	三目条件运算	?:	右→左
14	赋值运算	= += -= *= /= %= <<= >>=	右→左

优先级高的运算符先运算，优先级低的运算符后运算，同一级中的运算符按运算符的结合性进行；当遇到圆括号时，先进行括号内的运算，再将运算结果与括号外的运算符和操作数进行运算。

2.5.3 表达式

表达式是用运算符将操作数连接起来的，且符合语法规则的运算式。表达式是一种求值

规则,是程序设计语言的基本成分,在表达式中,操作数的数据类型必须与运算符相匹配,如果表达式中出现变量,则要求变量有确定的值。

1. 表达式的计算

综合使用多种运算符进行混合运算时,表达式常常会比较复杂,此时需要牢记各运算符的功能以及运算符的优先次序。

例如:

```
int a = b = c = 10;
boolean f;
a += a - b * 3/c --                       //a = 17,b = 10,c = 9
f = (a % 5 < b? a >= b:a < b) && c << 1 == a    //f 为 false
```

2. 表达式数据类型转换

如前文变量的类型转换部分所述,进行表达式计算时,如果短类型数据与长类型数据一起进行运算,系统会自动将短类型转换成长类型数据后再进行运算。其中以整型和浮点型数据的自动转换最为多见,转换规则如下:

低 ——————————————→ 高
byte　short　int　long　float　double

例如:

```
34/3 + 2.1 * 4          //值为 19.4,double 类型
2.0f + (32 >> 4)        //值为 4.0,float 类型
```

2.6 程序流程控制

2.6.1 语句与程序流程

程序由一系列的语句组成,语句是用来向计算机发出操作命令的。人们通过书写语句,编制程序使计算机为我们工作。Java 中的语句分为以下几种类型。

1. 表达式语句

表达式语句是程序中最为常见的语句,在表达式的末尾加一个分号,就构成了一句完整的语句,如 int i=1;i+=1;等。

2. 空语句

空语句中只有分号,没有内容,也不执行任何操作。例如,在循环体中若为空语句,表示这个循环是一个空循环。

3. 复合语句

复合语句是指将多条表达式语句作为一个整体执行,用花括号"{ }"括起来。

4. 方法调用语句

方法调用语句是由方法名加末尾的分号组成,例如:

```
System.out.println("This is the first Java Application!");
```

5. 程序控制语句

程序控制语句负责控制程序的流程。程序的流程控制包括顺序结构、选择结构和循环结构三种结构。顺序结构按照语句的先后次序顺序执行;选择结构根据条件的满足与否,选择执行对应的程序段,Java 提供了 if 和 switch 语句来表示选择结构;循环结构是在一定的条件下反复执行一些程序片段,Java 提供了 while、do-while 和 for 语句来表示循环结构,另外还有一些中断流程的控制语句,如 break、continue、return。

2.6.2 顺序结构

顺序结构是最简单的程序结构,程序按照语句的顺序依次执行。

【例 2-5】 计算圆的周长与面积。

程序代码为

```
public class Example2_5{
    public static void main(String args[]){
        final double PI = 3.1415926;
        int r = 5;
        double l = 2 * PI * r;
        double s = PI * r * r;
        System.out.println("圆的周长为:" + l);
        System.out.println("圆的面积为:" + s);
    }
}
```

程序运行结果如图 2-6 所示。

【例 2-6】 将摄氏度转换为华氏温度。

$f = 1.8c + 32$

程序代码为

```
import java.util. * ;
public class Example2_6{
    public static void main(String args[]){
        System.out.print("请输入一个摄氏温度:");
        Scanner s = new Scanner(System.in);
        float c = s.nextFloat();
        double f = 1.8 * c + 32;
        System.out.println("对应的华氏温度为:" + f);
        }
}
```

当输入温度值 24 时,程序运行结果如图 2-7 所示。

```
圆的周长为:31.415926
圆的面积为:78.539815
Press any key to continue...
```

图 2-6 例 2-5 程序运行结果

```
请输入一个摄氏温度: 24
对应的华氏温度为: 75.2
Press any key to continue...
```

图 2-7 例 2-6 程序运行结果

2.6.3 选择结构

选择结构通过判断语句对给定条件进行判断，根据条件是否满足，执行对应的语句。选择控制语句有 if 语句和 switch 语句两种。

1. if 语句

if 语句的基本格式为

```
if(布尔表达式)
{
语句块 1      //语句;
}
[else]
[{
语句块 2      //语句;
}]
```

说明：当布尔表达式的值为 true 时，执行语句块 1，否则执行语句块 2。else 语句是可选项，如果没有 else 语句，则当布尔表达式为 false 时，什么也不执行。当 if 语句块或者 else 语句块中只有一条语句，可以省略{}。

if 语句的执行流程如图 2-8 所示。

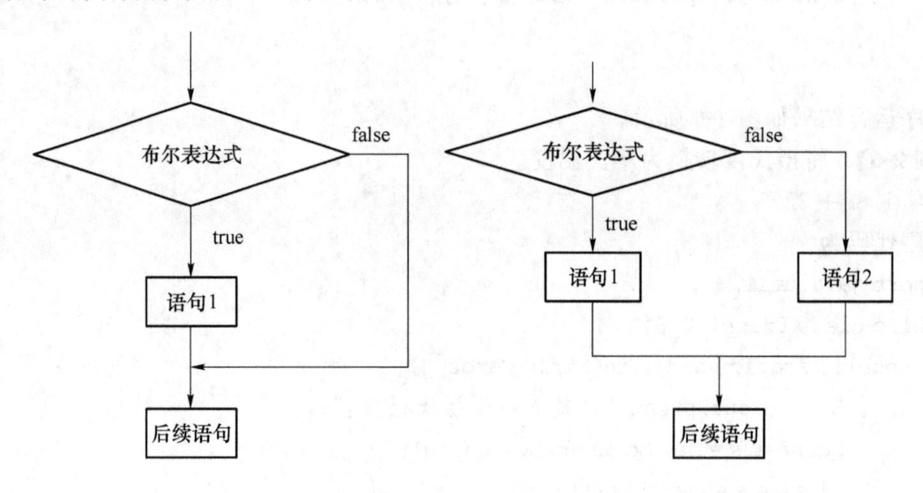

图 2-8　if 语句执行流程

【例 2-7】 输入两个整数，输出较大的一个。

程序代码为

```
import java.util. * ;
public class Example2_7{
    public static void main(String args[]){
        System.out.print("请输入两个整数:");
        Scanner s = new Scanner(System.in);
        int a = s.nextInt();
```

```
        int b = s.nextInt();
        if (a>b)
            System.out.println("两者之间较大的一个是:" + a);
        else
            System.out.println("两者之间较大的一个是:" + b);
            }
    }
```

当输入 35 和 78 这两个数时,程序的运行结果如图 2-9 所示。

```
请输入两个整数: 35 78
两者之间较大的一个是: 78
Press any key to continue...
```

图 2-9　例 2-7 程序运行结果

【例 2-8】　输入一个年份,判断是否是闰年。

程序代码为

```
public class Example2_8 {
  public static void main(String args[])
  {
  int year;
  boolean isLeapYear;
  String sYear;
  year = Integer.parseInt(args[0]);
  isLeapYear = ((year % 4 == 0 && year % 100 ! = 0)||(year % 400 == 0));
  if (isLeapYear)
      sYear = year + " is a leap year";
  else
      sYear =  year + " is not a leap year";
  System.out.println(sYear);
  }
```

采用命令行方式,分别输入 2015 和 2012 作为参数,程序运行结果如图 2-10 所示。

```
D:\javach2>javac Example2_8.java

D:\javach2>java Example2_8 2015
2015 is not a leap year

D:\javach2>java Example2_8 2012
2012 is a leap year
```

图 2-10　例 2-8 程序运行结果

2. if 语句嵌套

if 语句中可以再包括 if 语句,形成 if 语句的嵌套,以表示更多的语句分支。根据嵌套的 if

语句所处位置不同,if 嵌套又可分为两种情况:一种是在 if 块中嵌套,基本格式为

```
if(条件 1){
    //语句
    if (条件 2){
        //语句
    }else{
        //语句
    }
    //语句
}
else
{
    //语句;
}
```

另一种是在 else 块中嵌套,基本格式为

```
if(条件 1){
    //语句
}
else
{
    if(条件 2){
        //语句
    }else{
        //语句
    }
}
```

其中 else 后面的{ }可以直接省略,因此第二种格式直接简化为

```
if(条件 1){
    //语句
}
else if(条件 2){
    //语句
}else{
    //语句
}
```

【例 2-9】 随机产生三个整数,输出其中最小的一个。

程序代码为

```
public class Example2_9{
```

```
  public static void main(String args[]){
      int a = (int)(Math.random() * 100);
      int b = (int)(Math.random() * 100);
      int c = (int)(Math.random() * 100);
      System.out.println("第一个随机数是:" + a);
      System.out.println("第二个随机数是:" + b);
      System.out.println("第三个随机数是:" + c);
      if (a> = b)
        if(b> = c)
          System.out.println("三个数中最小的是" + c);
        else
          System.out.println("三个数中最小的是" + b);
      else
        if(a> = c)
          System.out.println("三个数中最小的是" + c);
        else
          System.out.println("三个数中最小的是" + a);
      }
  }
```

程序运行结果如图 2-11 所示。

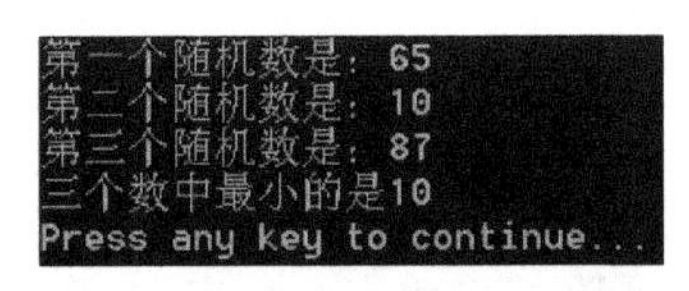

图 2-11　例 2-9 程序运行结果

【例 2-10】 根据成绩判断等级,85 分以上为优秀,60～84 分为合格,60 分以下为不合格。程序代码为

```
import java.util. * ;
public class Example2_10{
    public static void main(String args[]){
        String dj;
        System.out.print("请输入成绩:");
        Scanner read = new Scanner(System.in);
        int score = read.nextInt();
        if (score> = 85)
            dj = "优秀";
        else
            if (score<85 && score> = 60)
                dj = "合格";
            else
```

```
            dj = "不合格";
        System.out.println("成绩" + score + "的对应等级为:" + dj);
        }
    }
```

当输入成绩 78 时,程序运行结果如图 2-12 所示。

```
请输入成绩: 78
成绩78的对应等级为: 合格
Press any key to continue...
```

图 2-12　例 2-10 程序运行结果

3. switch 语句

当有多个分支时,虽然可以使用 if 的嵌套语句,但是当嵌套层次太多时会造成程序阅读上的困难,也易引起错误。Java 中针对多分支情况,设计了 switch 语句,根据表达式的值,从多个分支中选择一个来执行。

switch 语句的基本格式为

```
switch(表达式){
  case 常量表达式 1:
    语句 1;
    [break;]        //break 可选
  case 常量表达式 2:
    语句 2;
    [break;]
  …
  [default:
    语句体 n;]      //默认处理的语句
}
```

switch 语句的执行流程如图 2-13 所示。

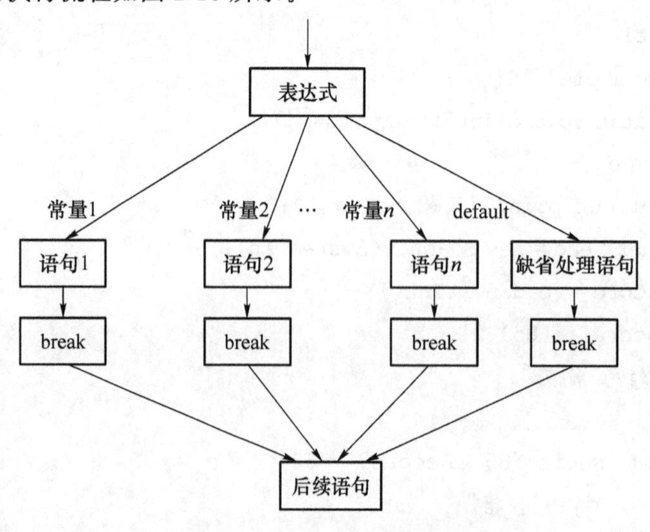

图 2-13　switch 语句执行流程

如果表达式的值匹配哪一个 case，则从那一个 case 开始执行，直到 break 才跳转到 switch 块结束位置。如果没有 break，则继续执行到结束位置。

每个 case 值称为一个 case 子句，代表一个 case 分支的入口；方括号表示这一语句是可选的；表达式要用圆括号括起来，其中表达式值的类型必须是 char、byte、short、int 类型中的一种，在 Java SE7.0 以后增加了 String 类型。当有多个 case 分支都执行相同的语句时，则可以采用如下形式：

```
...
case 值 m:
case 值 m+1:
case 值 m+2:  语句
[break;]
```

break 语句用来执行一个 case 分支后，使程序跳出 switch 语句，执行 switch 语句的后续语句。case 子句起到一个标号的作用，用来查询匹配的入口，然后从此处开始执行，对后面的 case 子句的值不再进行比较，而是直接执行后续语句，因此一般情况下，在每个 case 分支最后应该加上 break 语句。

default 子句是可选的，当表达式的值与之前的任一 case 子句中的值都不匹配时，则执行 default 子句中的语句体，语句体可以是多条语句，但不需要加大括号。

下面通过例子来比较一下程序中是否有 break 语句的差异。

【例 2-11】 输入一个 0～100 的分数，实现学生成绩的百分制到等级制的转换。

转换关系为

90～100 优秀　　80～89 良好　　70～79 中等

60～69 及格　　0～59 不及格

程序代码为

```
import java.util.*;
public class Example2_11{
public static void main(String args[]) {
String dj;
System.out.print("请输入一个 0-100 之间的分数:");
Scanner s = new Scanner(System.in);
int a = s.nextInt();
int d = a/10;
    switch(d){
      case 10:
      case 9:dj = "优秀";break;
      case 8:dj = "良好";break;
      case 7:dj = "中等";break;
      case 6:dj = "及格";break;
      default:dj = "不及格";}
    System.out.println("成绩" + a + "的对应等级为:" + dj);
    }
}
```

当输入成绩 86 时，程序运行结果如图 2-14 所示。

```
请输入一个0-100之间的分数: 86
成绩86的对应等级为: 良好
Press any key to continue...
```

图 2-14　例 2-11 程序运行结果

如果省略 break，则程序及结果如例 2-12 所示。

【例 2-12】 不带 break 的多分支结构示例。

```
import java.util. * ;
public class Example2_12{
public static void main(String args[]) {
String dj;
System.out.print("请输入一个 0 - 100 之间的分数:");
Scanner s = new Scanner(System.in);
int a = s.nextInt();
int d = a/10;
    switch(d){
        case 10:
        case 9:dj = "优秀";
        case 8:dj = "良好";
        case 7:dj = "中等";
        case 6:dj = "及格";
        default:dj = "不及格";}
    System.out.println("成绩" + a + "的对应等级为:" + dj);
        }
}
```

则不管输入的成绩值为多少，对应的等级都是不及格。例如输入 86 时的程序运行结果如图 2-15 所示。

```
请输入一个0-100之间的分数: 86
成绩86的对应等级为: 不及格
Press any key to continue...
```

图 2-15　例 2-12 程序运行结果

【例 2-13】 用 switch 语句编写程序，输入一个月份，判断该月份在哪个季度。

程序代码为

```
import java.util. * ;
public class Example2_13{
public static void main(String args[]) {
    String quarter = "";
System.out.print("请输入一个 1 - 12 之间的数:");
Scanner s = new Scanner(System.in);
int m = s.nextInt();
```

```
    switch(m){
      case 1:
      case 2:
      case 3:quarter = "第一季度";break;
      case 4:
      case 5:
      case 6:quarter = "第二季度";break;
      case 7:
      case 8:
      case 9:quarter = "第三季度";break;
      case 10:
      case 11:
      case 12:quarter = "第四季度";break;
    }
    System.out.println(m + "月份在" + quarter);
  }
}
```

当输入月份为 10 时,程序运行结果如图 2-16 所示。

```
请输入一个1-12之间的数: 10
10月份在第四季度
Press any key to continue...
```

图 2-16　例 2-13 程序运行结果

if 语句和 switch 语句都可以用来表达程序中的选择结构,但两者在用法上存在一些差异:通过 if 语句可以实现 switch 语句的所有功能,但通常使用 switch 语句更简练,可读性更强,程序的执行效率也更高。if 语句中的表达式更具一般性,可以是比较复杂的布尔表达式,表达式的结果为逻辑值;switch 语句中表达式的结果必须是一个具体的值,且值的类型是有规定的。

2.6.4　循环结构

循环是指反复执行同一段语句体直到满足结束条件为止。任何循环都由三大要素组成:循环的初始状态、循环结束条件、循环条件改变。Java 中的支持三种循环语句:while、do-while 和 for 语句。

1. while 语句

while 循环语句是 Java 中最基本的循环语句,其一般形式为

```
while(条件表达式){
循环体语句;
}
```

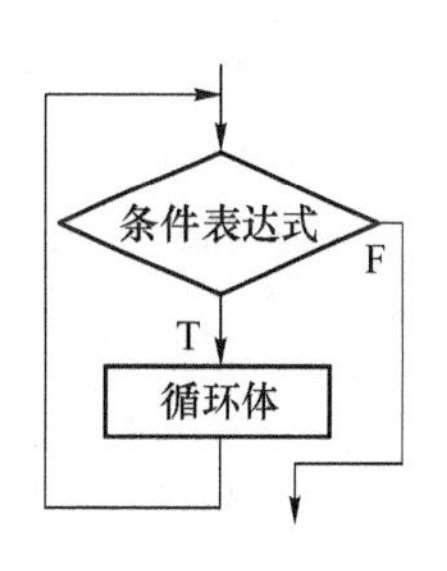

图 2-17　while 语句执行流程

在 while 循环中首先需要判断条件表达式的值,当条件表达式的值为 true 时,则执行循环体语句,条件表达式的值为 false 时,则结束循环。while 语句的执行流程如图 2-17 所示。

【例 2-14】 利用 while 循环语句，求 1～100 的和。

程序代码为

```
public class Example2_14 {
   public static void main(String[] args) {
      int i,sum;
      sum = 0;
      i = 1;
     while (i< = 100)
     {
       sum += i;
       i++ ;
     }
     System.out.println("sum = " + sum);
     }
}
```

运行结果为：sum＝5050

2. do-while 语句

do-while 语句的一般形式为

```
do {
循环体语句
} while(条件表达式);
```

do-while 语句的特点是先执行循环体，后判断条件表达式，如果条件表达式的值为 true，则继续执行循环体，如果条件表达式的值为 false，则结束循环。do-while 语句的执行流程如图 2-18 所示。

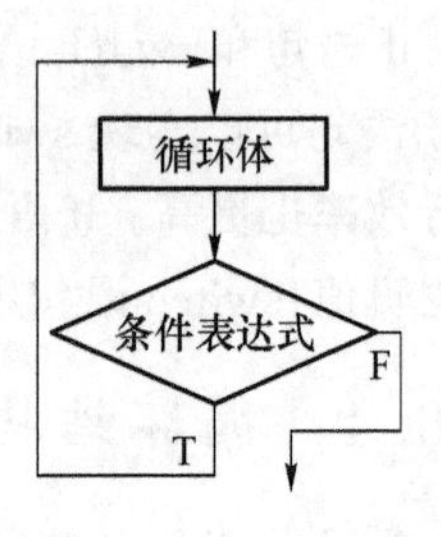

图 2-18　do-while 语句执行流程

do-while 语句与 while 语句的不同之处在于：do-while 语句是先进入循环，然后再判断条件，决定是否继续循环，而 while 语句是先判断条件，根据条件决定是否进入循环。所以，当采用 do-while 语句时，不管条件表达式的值是否成立，循环体至少被执行一次。

【例 2-15】 利用 do-while 循环语句，求 1～100 的和。

程序代码为

```
public class Example2_15 {
   public static void main(String[] args) {
      int i,sum;
      sum = 0;
      i = 1;
      do{
        sum += i;
        i++ ;
```

```
    }while (i< = 100);
    System.out.println("sum = " + sum);
    }
}
```

运行结果为:sum = 5050

【例 2-16】 利用 do-while 循环语句,产生一个大于 0.9 的随机数。

程序代码为

```
public class Example2_16{
public static void main(String args[]) {
double d;
do{
    d = Math.random();
    System.out.println(d);
    }while(d<0.9);
  }
}
```

该程序采用 do-while 循环,首先会先产生一个随机数,然后再判断该随机数是否满足循环条件。

3. for 语句

for 语句是 Java 中功能最强、使用最广泛的循环语句。for 语句的一般语法格式为

```
for (表达式 1;表达式 2;表达式 3){
    循环体语句
    }
```

其中:表达式 1 完成初始化循环变量和其他变量的工作;表达式 2 为条件表达式,用来判断循环是否继续执行;表达式 3 用来改变循环控制变量的值。这三个表达式之间用分号隔开。

for 语句的执行过程是:首先计算表达式 1 的值,完成必要的初始化工作;接着判断表达 2 的值,若值为 false 则结束循环,若值为 true 则执行循环体;执行完循环体再计算表达式 3 的值,表达式 3 一般用于修改循环条件,这样一轮循环就结束了;然后再跳转到计算表达式 2 的值,开始下一轮循环。具体的执行流程如图 2-19 所示。

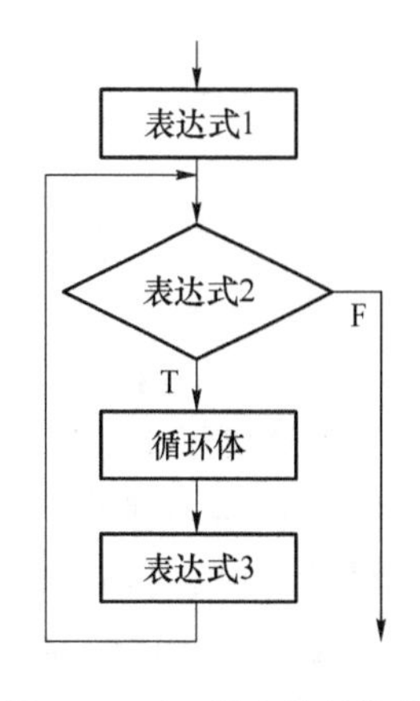

图 2-19 for 语句执行流程

【例 2-17】 利用 for 循环语句,求 1~100 的和。

程序代码为

```
public class Example2_17 {
public static void main(String[] args) {
  int i;
  int sum = 0;
```

```
    for(i = 1;i< = 100;i ++ )
    {
      sum += i;
    }
    System.out.println("sum = " + sum);
  }
}
```

运行结果为:sum = 5050

【例 2-18】 利用 for 循环语句,分别求 1～100 的奇数和与偶数和。

程序代码为

```
public class Example2_18{
  public static void main(String args[]) {
int sum1 = 0,sum2 = 0;
    for(int i = 1;i< = 100;i ++ )
{
      if (i%2 == 0)
        sum2 += i;
      else
        sum1 += i;
      }
    System.out.println("1 - 100 的奇数和为:" + sum1);
    System.out.println("1 - 100 的偶数和为:" + sum2);
    }
}
```

程序运行结果如图 2-20 所示。

```
1-100的奇数和为: 2500
1-100的偶数和为: 2550
Press any key to continue...
```

图 2-20　例 2-18 程序运行结果

从上述例子中可以看到,在 for 循环语句中,变量 i 为循环控制变量(简称循环变量,大多采用字母 i、j、k、l 来表示),它的值决定循环的开始和结束。

循环语句 for 与 while 本质上是等价,不同之处在于:循环 for 把循环的三个要素在循环头中设置,格式固定,容易理解与使用;循环 while 需要程序员自己在适当的地方控制循环的三要素,格式灵活,使用自由。一般来说,在循环次数已知的情况下,用 for 语句比较方便,而 while 和 do-while 语句适用于循环次数未知的情况。

关于 for 语句,再总结和强调以下几点:

(1) 条件表达式 2 必须返回 boolean 值。

(2) 3 个表达式语句可以是任何合法的语句,如果是多个语句使用逗号(,)分隔。

(3) 当表达式中有多个语句时,语句如果是变量定义语句,则必须都是变量定义语句,而且还必须是同一类型的变量。

(4) for 语句的 3 个表达式可以为空,但分号不能省略。

(5) 若表达式 2 为空,默认是 true,而不是 false,此时当前是一个无限循环,需要在循环体中书写另外的跳转语句终止循环。

如程序段:

```
sum = 0;
for(i = 1;i< = 100;i ++ )
{   sum += i; }
```

可以改写为:

```
sum = 0;
i = 1;
for( ;i< = 100;i ++ )
{   sum += i; }
```

或者:

```
for(i = 1, sum = 0;i< = 100;i ++ )
{   sum += i;   }
```

【例 2-19】 利用 for 循环语句,求 1! +2! +3! +4! +5!

程序代码为

```
public class Example2_19{
  public static void main(String args[]) {
    int sum = 0,p = 1;
      for (int i = 1;i<6;i ++ )
      { p* = i;
        sum += p;}
      System.out.println("1 - 5 的阶乘和为:" + sum);
  }
}
```

程序运行结果如图 2-21 所示。

```
1-5的阶乘和为: 153
Press any key to continue...
```

图 2-21　例 2-19 程序运行结果

4. 循环嵌套

一个循环体的内部又包含另一个完整的循环结构,称为循环的嵌套。内嵌的循环中还可以再嵌套循环,形成多重循环。上述三种循环语句之间可以相互嵌套使用。

【例 2-20】 用 * 打印一个上三角形图案。

程序代码为

```
public class Example2_20{
  public static void main(String[] args) {
```

```
    int i,j;
    for(i=1;i<=10;i++) //画上面4行
    {
      for(j=1;j<=15-i;j++)
        System.out.print(" "); //画空格
      for(j=1;j<=2*i-1;j++)
        System.out.print("*"); //画星号
      System.out.println(); //换行
    }
  }
}
```

程序运行结果如图 2-22 所示。

【例 2-21】 打印一个 9×9 的乘法表。

程序代码为

```
public class Example2_21{
    public static void main(String[] args){
        System.out.println("九九乘法表:");
        int x,y;
            for(x=0;x<=9; x++){
                for(y=1;y<=x; y++)
                {System.out.print(y+"*"+x+"="+x*y+"\t");}
                System.out.println();
        }
    }
}
```

程序运行结果如图 2-23 所示。

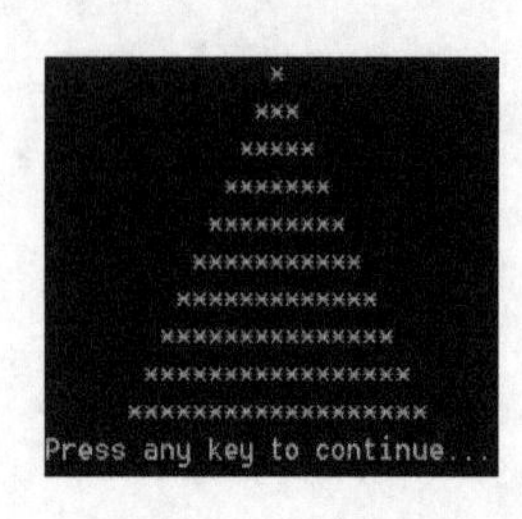

图 2-22　例 2-20 程序运行结果

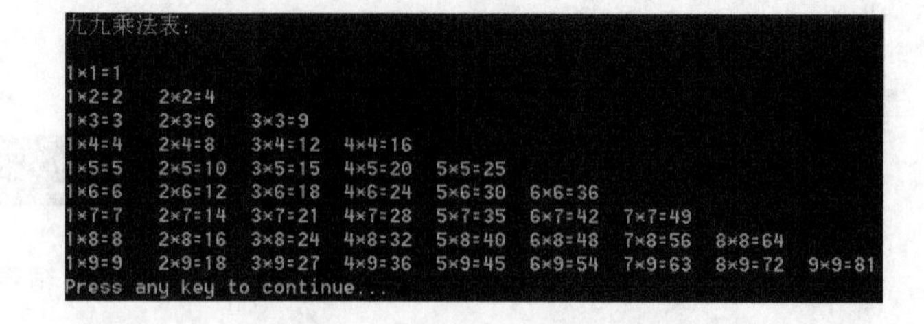

图 2-23　例 2-21 程序运行结果

2.6.5　中断流程控制

在 Java 语言中,break、continue 和 return 语句可以用于改变和控制程序的流程。

1. break 语句

break 语句在 Java 中有两种使用场景:一是在 switch 中使用,用来分隔匹配成功的代码段的执行；二是在循环中使用，用来结束循环。

在循环中 break 语句的使用方法有两种形式。

(1) 独立使用，中断当前循环。

基本格式为：break；

(2) 与标签结合使用，中断指定标签的循环。

基本格式为：break 标签名；

注意：标签与循环是绑定的，表示一个循环的名字。标签只能定义在循环头的前面，中间不能有可执行代码。

【例 2-22】 产生一个 70～80 的随机数。

程序代码为

```
public class Example2_22{
  public static void main(String args[]) {
    int d;
    while (true)
    {
    d = (int)(Math.random() * 100);
    if (d> = 70 && d< = 80)
      break;
   }
    System.out.println("这个数是：" + d);
   }
}
```

2. continue 语句

continue 语句只能出现在循环体内，作用是结束本次循环，接着跳转到循环的开始位置。在循环中 continue 语句的使用方法也有两种形式：

(1) 独立使用，结束当前循环，跳过剩余的语句，直接进入下一次循环。

基本格式为：continue；

但要注意的是，在 while 和 for 循环语句中，continue 跳转的位置是有差异的：在 while 或 do-while 循环语句中，continue 会使程序流程直接跳转到条件表达式，以判断是否执行下一次的循环；在 for 循环语句中，continue 语句会直接转至表达式 3，修改循环变量后再判断循环条件。

(2) 与标签结合使用，带标签的 continue 语句可以使程序的流程直接转入标号标明的循环层次。

基本格式为：continue 标签名；

【例 2-23】 输出 100 以内的所有素数。

程序代码为

```
public class Example2_23{
public static void main(String args[]) {
```

```
        int count = 1;
        for (int i = 2; i<= 100; i++){
          int j;
          for (j = 2; j < i; j++){
              if (i % j == 0)
              break;
              }
            if (j >= i) {
              System.err.print(i + "\t");
              if (count % 5 == 0){
              System.err.println();}
              count ++ ;
            }
        }
    }
}
```

程序运行结果如图 2-24 所示。

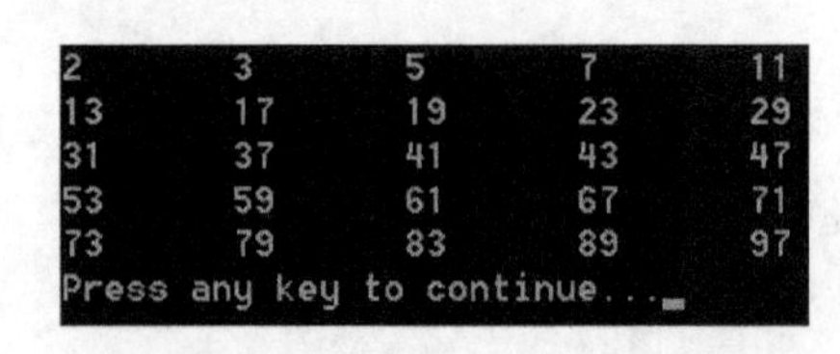

图 2-24　例 2-23 程序运行结果

3. return 语句

return 语句实际上与循环无关，该语句是中断函数的，并且还可以返回一个数据。如果在循环中使用 return 语句，则直接跳转到循环所在函数的结尾。关于 return 语句的用法，在后面的章节还将详细描述。

2.7　数　　组

本章 2.2.2 中表 2-1 列出了 Java 语言中的基本数据类型，基本类型变量不能同时具有多个值，如果需要用一个变量名表示多个值，可以采用数组类型，数组属于复合数据类型。所谓复合数据类型是指由多个基本数据类型的元素组合而成的数据类型，Java 中的构造数据类型包括数组、类和接口。

数组是一组相同类型的元素的集合，数组中的每一个元素都属于同一个数据类型，可以是基本数据类型，也可以是类或接口。数组可以一次定义多个变量，数组具有数组名，即所有数组元素的公共名称，数组中的各元素是有先后顺序的，不同的数组元素依据数据下标来区分。

在 Java 语言中，数组是一种特殊的对象，需要先进行类型声明和创建数组，才能正常使用。Java 中数组的创建使用关键字 new，创建数组本质上就是为该数组分配内存空间，对于数组使用完以后空间的回收则有垃圾收集器自动进行。

2.7.1 一维数组

1. 一维数组的声明与创建

数组在使用之前需进行数组的声明和创建。一维数组的数组元素只有一个下标变量。

一维数组的声明格式为

类型 数组名[];

或

类型[] 数组名;

其中，类型是指数组中各元素的数据类型，包括基本类型和构造类型。数组名是一个标识符，需符合标识符的命名规范。

例如：int a[];

float[] b;

分别声明了一个整型数组 a 和一个浮点型数组 b。a 中的每个元素都必须是整型，b 中的每个元素都必须是浮点型。声明数组时，不必指出数组中的元素个数(数组长度)。

数组声明好之后还需要用 new 关键字创建数组，才能正常使用，即在数组声明之后要为数组元素分配存储空间，同时对数组元素进行初始化。

一维数组的创建格式为

数组名 = new 类型[数组长度];

例如：a=new int[5];

创建了整型数组 a，并给它分配了 5 个元素的内存空间。数组的下标从 0 开始，这 5 个元素依次为：a[0]、a[1]、a[2]、a[3]、a[4]。对数组下标的使用必须在数组的边界范围内，否则会发生越界错误。数组元素的下标不允许出现负值。

为简化起见，通常都将数组的声明和创建合并在一起，例如：

```
int a[] = new int[5];
int[]  a = new int[5];
```

与之前的先声明再创建，效果是等价的。

数组一旦创建，就不能再改变其长度。

2. 一维数组的赋值

用 new 关键字为数组分配空间后，系统将会为每个数组元素赋一个初值，也称为默认值，这个初值取决于声明的数组的数据类型。所有数值型(byte、short、int、long、float、double)数组元素的初始值为 0；字符型(char)数组元素的初始值为一个不可见的控制符('\u0000')；布尔型(boolean)数组元素的初始值为逻辑值 false；字符串数组和所有其他对象数组的初始值为 null。

在实际应用中，一般根据使用需要对数组元素进行赋值。具体又分为两种形式：

(1) 在声明数组的同时进行初始化赋值。

例如：int a[]={1,2,3,4,5};

//声明创建了包含 5 个元素的数组 a，a[0] = 1，a[1] = 2，a[2] = 3，a[3] = 4，a[4] = 5。

数组的初始赋值用花括号括起来，中间以逗号间隔，花括号里面的每一个数组元素要求具有相同的数据类型。虽然没有指定数组长度，但是系统会自动根据所给元素的个数作为数组长度，并为每个元素分配一定的内存空间，如上例中数组 a 的长度为 5。

(2) 在声明和创建数组之后，用赋值语句为每个元素赋值。

例如：int a[] = new int[5]; //定义一个 int 类型的数组变量，给数组分配 5 个元素空间

a[0] = 1;a[1] = 2;a[2] = 3;a[3] = 4;a[4] = 5;//给各数组元素赋值

String sa = new String[3]; //定义一个 String 类型的数组变量，给数组分配 3 个元素空间

sa[0] = new String("how"); //给各数组元素赋值

sa[1] = new String("are");

sa[2] = new String("you");

3. 一维数组的应用

对数组的使用，可以使用数组中的某个元素，也可以使用整个数组。

一维数组元素的使用方式为

数组名[下标]

下标可以是整型常量或整型表达式，下标从 0 开始。例如：

int i = 2; a[i] = a[i - 1] + a[i - 2];

所有的数组都有一个属性 length，这个属性存储了数组元素的个数，例如：

int a[] = new int[5];则 a.length 值为 5。

数组还可以进行整体赋值，例如：

int a[] = {1,3,5,7,9};

int b[];

b = a;

则数组 a、b 具有相同的元素，值依次为 1、3、5、7、9。

因数组是具有相同类型的一批数据的集合，所以数组通常多与 for 循环语句一起使用，具体的应用见下面的例子。

【例 2-24】 将数组中的各元素逆序输出。

程序代码为

```
public class Example2_24{
  public static void main(String args[]) {
    int a[] = {1,2,3,4,5,6,7,8,9};
    System.out.println("原数组元素为:");
    for (int i = 0;i<a.length;i++)
        System.out.print(a[i] + "\t");
    System.out.println();
    System.out.println("逆序输出各数组元素为:");
    for (int i = a.length - 1;i> = 0;i--)
        System.out.print(a[i] + "\t");
```

```
        System.out.println();
      }
  }
```

程序运行结果如图 2-25 所示。

```
原数组元素为:
1       2       3       4       5       6       7       8       9
逆序输出各数组元素为:
9       8       7       6       5       4       3       2       1
Press any key to continue...
```

图 2-25　例 2-24 程序运行结果

【例 2-25】 随机产生 100 个 0～100 的数，求这 100 个数的平均数。

程序代码为

```
public class Example2_25{
    public static void main(String args[]) {
        int a[] = new int[100];
        int sum = 0;
        double avg = 0;
        for(int i = 0;i<100;i ++ ) {
            a[i] = (int)(Math.random() * 100);
            System.out.print(a[i] + "\t");
            sum += a[i];
            }
        System.out.println();
        avg = sum/a.length;
        System.out.println("这 100 个随机数的平均值为:" + avg);
        }
}
```

程序运行结果如图 2-26 所示。

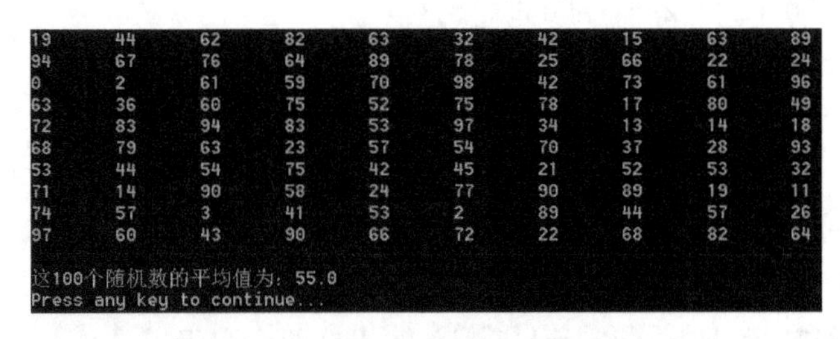

图 2-26　例 2-25 程序运行结果

2.7.2　二维数组

一维数组的结构类似于日常生活中的一维表格，只有一行，在实际应用中，二维表格有着更为广泛的用途，即多行和多列的二维表结构。二维数组可以看作是特殊的一维数组，即数组中的每一个元素又是一个一维数组，所以我们称二维数组为数组的数组。

1. 二维数组的声明与创建

二维数组声明的格式为

类型 数组名[][];

例如:int a[][]; 声明了一个整型二维数组 a。

与一维数组一样,声明好以后还需要用 new 关键字来创建数组,才可以使用该数组中的元素。如 a=new int[2][3]; //创建一个 2 行 * 3 列的二维数组,每个元素的初始值均为 0

此时数组 a 的示意图为

```
a[0][0]   a[0][1]   a[0][2]
a[1][0]   a[1][1]   a[1][2]
```

二维数组空间的另一种分配形式为:从最高维开始,分别为每一维分配空间。例如:

```
int c[][] = new int[2][];     //最高维含 2 个元素,每个元素为一个一维整型数组
c[0] = new int[3];            //第一个元素是一个长度为 3 的整型数组
c[1] = new int[4];            //第二个元素是一个长度为 4 的整型数组
```

此时数组 c 的示意图为

```
c[0][0]   c[0][1]   c[0][2]
c[1][0]   c[1][1]   c[1][2]   c[1][3]
```

二维数组的各行长度可以不同,如数组 c 包含两个元素,即 c.length=2,第 1 个元素也是一个数组,包含 3 个元素,即 c[0].length=3,同理,c[1].length=4。

注意:在使用运算符 new 时,对于多维数组至少要给出最高维的大小。

例如,如果程序中出现 int b[][]=new int[][];

编译器将提示错误:Array dimension missing.

2. 二维数组的赋值

二维数组的赋值有两种方式:

(1) 直接对每个元素赋值。

(2) 在声明数组的同时进行初始化赋值。

例如:

```
int a[][] = {{1,2,3},{2,3,4}};
```

表示声明了一个 2 * 3 的数组,每个元素赋值为

```
a[0][0] = 1   a[0][1] = 2   a[0][2] = 3
a[1][0] = 2   a[1][1] = 3   a[1][2] = 4
```

对二维数组中的每个元素,其引用方式为

数组名[下标 1][下标 2]

所有下标取值都从 0 开始。

3. 二维数组的应用

【例 2-26】 数组转置,即 a[i][j]=b[j][i],输出这两个数组。

程序代码为

```
public class Example2_26{
public static void main(String args[]) {
int a[][] = {{1,2},{3,4},{5,6}};
int b[][] = new int[2][3];
```

```
System.out.println("数组 a:");
for(int i = 0;i<a.length;i++){
    for(int j = 0;j<a[i].length;j++){
        System.out.print(a[i][j] + "\t");
        b[j][i] = a[i][j];
        }
            System.out.println();
            }
        System.out.println("数组 b:");
for(int i = 0;i<b.length;i++){
        for(int j = 0;j<b[i].length;j++){
        System.out.print(b[i][j] + "\t");
        }
            System.out.println();
            }
}
}
```

程序运行结果如图 2-27 所示。

【例 2-27】 利用二维数组显示杨辉三角形的前 10 行,如图 2-28 所示。

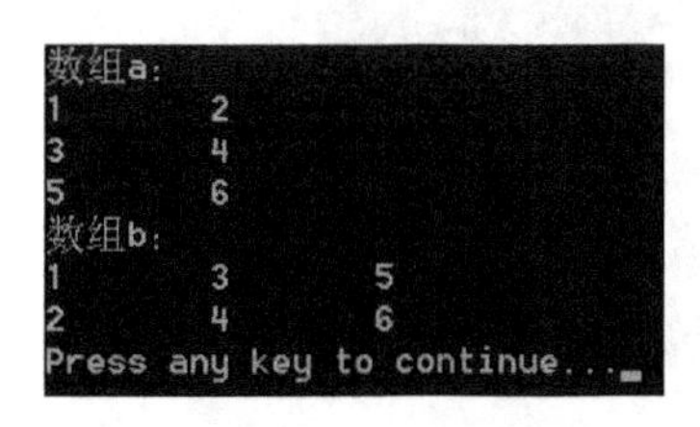

图 2-27 例 2-26 程序运行结果

```
        1
       1 1
      1 2 1
     1 3 3 1
    1 4 6 4 1
  1 5 10 10 5 1
… … … … … ……
```

图 2-28 杨辉三角形示意图

分析:杨辉三角形可表示为

从图 2-28 上可以看出三角形两个腰上的数都是 1,其他位置上的数是它的上一行相邻两个数之和,可以用二维数组来表示杨辉三角形。

a[1][1]

a[2][1] a[2][2]

a[3][1] a[3][2] a[3][3]

a[4][1] a[4][2] a[4][3] a[4][4]

a[5][1] a[5][2] a[5][3] a[5][4] a[5][5]

……

我们会发现这样的规律:a[i][1]=1,a[i][i]=1,a[i][j]=a[i−1][j−1]+a[i−1][j]

程序代码为

```
public class Example2_27 {
    public static void main(String[] args) {
        int n = 6;
        int a[][] = new int[n][n];
```

```
        a[1][1] = 1;
        for(int i = 2;i<n;i ++ ){          //生成杨辉三角
            a[i][1] = 1;
            a[i][i] = 1;
            for(int j = 1;j<i;j ++ )
            a[i][j] = a[i - 1][j - 1] + a[i - 1][j];
        }
        int dis = 25;
        for(int i = 1;i<n;i ++ ){          //显示杨辉三角
            for(int k = 1;k< = dis;k ++ ) System.out.print(" ");
            for(int j = 1;j< = i;j ++ ) System.out.print(a[i][j] + "  ");
            System.out.println();
            dis = dis - 2;
        }
    }
}
```

程序运行结果如图 2-29 所示。

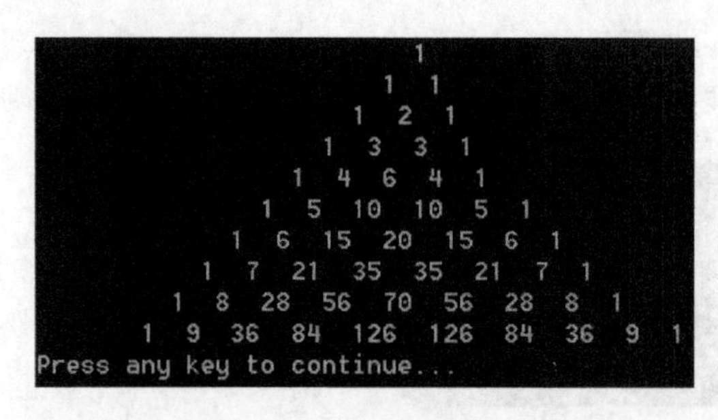

图 2-29　例 2-27 程序运行结果

2.7.3　数组的操作

在 Java 中,数组是一种效率最高的存储和随机访问对象引用序列的方式。对于数组的操作有多种,如排序、复制、二分查找、数组合并等,下面介绍数组排序与数组的复制操作。

1. 数组排序

数组排序有多种算法,如插入排序、冒泡排序、选择排序、堆排序、快速排序、归并排序等。冒泡排序(Bubble Sort)是一种简单的排序算法。它重复地走访要排序的数列,一次比较两个元素,如果他们的顺序错误就把他们交换过来。走访数列的工作是重复地进行,直到没有再需要交换,也就是说该数列已经排序完成。这个算法的名字由来是因为越小的元素会经由交换慢慢"浮"到数列的顶端。

冒泡排序算法的运作过程如下:

(1) 比较相邻的元素。如果第一个比第二个大,就交换他们两个。

(2) 对每一对相邻元素作同样的工作,从开始第一对到结尾的最后一对。一轮下来,最后的元素应该会是最大的数。

(3) 针对所有的元素重复以上的步骤,除了最后一个。

(4) 持续每次对越来越少的元素重复上面的步骤，直到没有任何一对数字需要比较。

【例 2-28】 数组排序——冒泡排序法。

程序代码为

```
public class BubbleSort
{
    public static void main( String args[])
    {
        int array[] = { 3, 16, 56, - 18, 99, - 7, 52, 79, 21, - 2 };
        System.out.println ("排序前：");          //输出排序前结果
        for ( int i = 0; i< = array.length - 1; i ++ )
            System.out.print(array[i] + "   ");
        System.out.println ();
        bubbleSort( array);                      //sort array
        System.out.println("\n 排序后：");       //输出排序后结果
        for ( int i = 0; i < array.length; i ++ )
            System.out.print(array[i] + "   ");
        System.out.println ();
    }
    static public void bubbleSort( int source[]) //从小到大排序
    {
        for ( int i = 1; i< = source.length - 1; i ++ )
        {
            for ( int j = 0; j< = source.length - 1 - i; j ++ )
            {
                if ( source[j] > source[j + 1])
                {
                    int temp = source[j];
                    source[j] =  source[j + 1];
                    source[j + 1] = temp;
                }
            }
        }
    }
}
```

选择排序(Selection sort)是一种简单直观的排序算法，它的工作原理如下：首先在未排序序列中找到最小元素，存放到排序序列的起始位置，然后再从剩余未排序元素中继续寻找最小元素，然后放到排序序列末尾。依此类推，直到所有元素均排序完毕。

选择排序交换次数比冒泡排序少多了，由于交换所需 CPU 时间比比较所需的 CPU 时间多，所以选择排序比冒泡排序快。但是当排序的数据个数比较多时，比较所需的 CPU 时间占主要地位，所以这时的性能和冒泡排序差不多。

【例 2-29】 数组排序——选择排序法。

程序代码为

```
public class SelectSort {
public static void main(String args[]) {
        int array[] = { 3, 16, 56, -18, 99, -7, 52, 79, 21, -2 };
        System.out.println ("排序前：");          //输出排序前结果
        for (int i = 0; i<= array.length - 1; i++)
            System.out.print(array[i] + "  ");
        System.out.println ();
        selectSort(array);                         //sort array
        System.out.println("\n 排序后：");        //输出排序后结果
        for (int i = 0; i < array.length; i++)
            System.out.print(array[i] + "  ");
        System.out.println ();
    }
    static public void selectSort(int source[])//从小到大排序
    {
        for (int i = 0; i<= source.length - 1; i++)
        {
            for (int j = i + 1;j<= source.length - 1;j++)
            {
                if (source[i] > source[j])
                {
                    int temp = source[i];
                    source[i] = source[j];
                    source[j] = temp;
                }
            }
        }
    }
}
```

这两道例题的运行结果如图 2-30 所示。

```
排序前:
3  16  56  -18  99  -7  52  79  21  -2

排序后:
-18  -7  -2  3  16  21  52  56  79  99
Press any key to continue...
```

图 2-30　例 2-28 和例 2-29 程序运行结果

2. 数组复制

Java 的 System 类提供了复制数组的方法，格式如下：

System. arraycopy(源数组，源位置，目标数组，目标位置，复制数量)；

其功能是，将自源数组位置开始的若干元素，复制到目标数组的目标位置之后的那些位置上，即改写这些位置上各元素的值。复制元素的数量由最后一个参数复制数量确定。

【例 2-30】 数组复制。

程序代码为

```
public class Example2_30{
    public static void main(String[] args) {
    int a[] = {1,2,3,4};
    int b[];
    int c[] = {5,6,7,8};
    b = a;
    System.arraycopy(a,1,c,0,2);
    //输出数组 a
    System.out.print("数组 a:");
    for(int i = 0;i<a.length;i ++ )
        System.out.print(a[i] + " ");
    System.out.println();
    //输出数组 b
    System.out.print("数组 b:");
    for(int i = 0;i<b.length;i ++ )
        System.out.print(b[i] + " ");
    System.out.println();
    //输出数组 c
    System.out.print("数组 c:");
    for(int i = 0;i<c.length;i ++ )
        System.out.print(c[i] + " ");
    System.out.println();
    }
}
```

程序运行结果如图 2-31 所示。

```
数组a: 1 2 3 4
数组b: 1 2 3 4
数组c: 2 3 7 8
Press any key to continue...
```

图 2-31　例 2-30 程序运行结果

2.8 方　　法

在面向对象语言中，对象的行为都是以方法来实现的，通常一个方法完成一个具体的功能，方法由一系列的声明和可执行语句组成，它们像一个独立的程序一样封装在一起。在其他编程语言中，方法被称为函数、过程或子程序。Java 程序将数据和方法封装在类中，通俗地说，Java 程序就是以方法为单位的各个程序模块组成的类。方法是一组语句形成的有名字的语句块，方法编写好以后可以重复利用，这样就极大地提高了编程的效率，而且模块化的设计使程序更加简洁、便于维护。

前面我们详细学习了变量、运算符、控制结构、数组以及字符串处理等基础知识，已经可以用语句编写程序，下面进一步来学习 Java 程序的基本组成部分——方法。

2.8.1 方法的定义

方法的语法定义形式为

[方法修饰符] 返回值类型 方法名([形式化参数表])[throws 异常列表]

{

方法体

}

说明：

(1) 方法修饰符：用于指定方法的使用范围，方法修饰符可以是 public、private、protected、static 和 final 等，第 3 章将会对这些方法修饰符进行具体介绍。

(2) 返回值类型：说明方法返回值的数据类型，可以是 Java 基本数据类型，也可以是符合数据类型(如数组、类)。如果该方法没有返回值，返回值类型则用 void 表示，方法体中也不必写 return 语句。

(3) 方法名：方法的名称，必须是合法的 Java 标识符。方法名一般采用小写字母开头，通过名称大致能了解该方法的功能，如 setName、avgScore、sortArray 等。

(4) 形式化参数表：说明方法需要输入的参数，参数可以有多个，也可以是 0 个，多个参数之间用逗号分隔。如果方法没有参数，则参数列表为空，但括号不能省略。

(5) 方法体：用一对花括号"{ }"括起来的部分，由局部变量定义和一系列可执行语句组成。方法体中不能再定义其他方法。

在方法体中定义的变量称为局部变量，它们仅在方法内部能够使用。Java 要求局部变量在引用前必须先进行赋值。

如果该方法有返回值，则方法体中一定要写 return 语句，指明返回的值；return 返回的值必须与方法头中返回值类型一致；一旦执行到 return 语句，则 return 语句后的语句将不会执行。若方法无返回值，方法体中则不必写 return 语句。

注意：从 JDK1.5 开始引入变长参数，Java 的变长参数需要遵循的规则：变长参数必须是最后一个参数，且方法参数中只能有一个变长参数。

2.8.2 方法的调用

在定义方法时，其参数作为形式化参数(简称形参)仅仅是为了描述处理的过程，并没有实际的值；在调用方法时，其参数具有实际的数据，因此被称为实际参数(简称实参)，程序通过实参向形参传递数据完成方法的调用。

方法调用的一般格式：方法名(实参表)

对于形参和实参需要满足以下要求：

(1) 实参与形参在个数与顺序上应保持一致。

(2) 实参如果是表达式，要求它的类型与形参相同，或者它的类型按 Java 提升规则能达到形参类型。

(3) 实参名与形参名可以相同，也可以不同。

【例 2-31】 定义一个求圆面积的方法 area()，并计算半径为 3.5 的圆的面积。

程序代码为

```
public class Example2_31{
    public static void main(String[] args) {
        double radius = 3.5;
        double mj = area(radius);
        System.out.println("圆的面积为:" + mj);
    }
    static double area(double r) {
        double s = 3.14 * r * r;
        return s;
    }
}
```

程序运行结果如图 2-32 所示。

```
圆的面积为: 38.465
Press any key to continue...
```

图 2-32　例 2-31 程序运行结果

2.8.3　参数传递的方式

方法调用的过程就是实参传递给形参的过程，Java 的参数传递方式分为值传递和地址传递两种形式。

1. 值传递

当方法的形参为简单数据类型时，则将实参的值传递给形参。这种传递不会因为调用方法中对形参值的改变而影响实参的值。

例如：
```
void exchange(int x, int y)
  { int temp = x; x = y; y = temp; }
  int a = 1,b = 2;
  exchange(a,b);      //方法执行完毕,a = 1,b = 2
```

2. 地址传递

当方法的形参为复合数据类型(如类、数组名、接口)时，则对形参的任何访问等同于对实参的访问，即形参被认为是实参的别名。

例如：
```
void sortArray (int array [])
  {...      }   //方法的声明,形参 array 是数组名
  int array1[] = {10,234,67,12};
```

```
        sortArray (array1);
        int array2[] = {10,234,67,12};
        sortArray (array2);
```

2.8.4 方法的重载

方法的重载是指：在一个类中可以定义多个同名的方法，但要求各方法具有不同的参数类型或参数个数。方法重载通常用于创建完成一组任务相似但参数不同的方法，在调用重载方法时，Java 编译器首先检查调用方法的参数再决定选择哪一个方法。

重载的方法要求参数必须有所区别，参数的差别可分为以下几种类型：

- 参数的类型不同；
- 参数的顺序不同；
- 参数的个数不同。

方法的重载能够使得程序的实现变得更加简单，只要记住一个方法名，就可以根据不同的输入参数选择不同的方法来处理。

【例 2-32】 用重载的方法计算三角形的面积。

分析：定义方法 Triangle，根据参数的不同可以采用不同的计算方法。

(1) Triangle()　　不带参数，将使用默认值计算三角形的面积

(2) Triangle(a,b)　　带两个参数，使用公式 $S=\frac{1}{2}ab$ 计算三角形的面积

(3) Triangle(a,b,c) 带三个参数，使用公式 $S=\sqrt{p(p-a)(p-b)(p-c)}$ 计算三角形的面积，其中 $p=\frac{a+b+c}{2}$

程序代码如下：

```
public class Example2_32{
static double Triangle(){
     int width = 10;
     int height = 10;
     double area = width * height/2;
     return area;
     }
static double Triangle(double a,double b){
     double area = a * b/2;
     return area;
     }
static double Triangle(double a,double b,double c){
     double p = (a + b + c)/2;
     double area = Math.sqrt(p * (p - a) * (p - b) * (p - c));
     return area;
     }
public static void main(String args[]){
```

```
        double x = 3.0,y = 4.0,z = 5.0;
        double s1,s2,s3;
        s1 = Triangle();
        s2 = Triangle(x,y);
        s3 = Triangle(x,y,z);
        System.out.println(s1);
        System.out.println(s2);
        System.out.println(s3);
        }
}
```

程序运行结果如图 2-33 所示。

```
50.0
6.0
6.0
Press any key to continue...
```

图 2-33　例 2-32 程序运行结果

2.8.5　嵌套与递归

在一个方法的方法体中直接调用了另外一个方法就称为方法的嵌套,递归是一种特殊的嵌套,是指在一个方法的方法体中直接或间接地调用了自身。

【例 2-33】 利用递归求 5 的阶乘。

分析:阶乘计算符合递归的基本思想,n=1 时,n!=1;n>=2 时,n!=n*(n−1)!

程序代码如下:

```
public class Example2_33 {
        public static void main(String args[]) {
        long y = factor(5) ;
        System.out.println("5! = " + y);
    }
    public static long factor(int number)
    {
        if (number< = 1)
            return 1;
        else
            return number * factor(number - 1);
    }
}
```

程序运行结果如图 2-34 所示。

```
5!=120
Press any key to continue...
```

图 2-34　例 2-33 程序运行结果

小　结

本章是学习 Java 程序设计的基础，主要介绍了 Java 语言的基本语法以及程序设计的基本结构。具体包括：

(1) 关键字、标识符、常量、变量等基本符号表示。

(2) Java 的数据类型包括整型、字符型、布尔型、浮点型等简单数据类型，还包括字符串、数组、类、接口等复合数据类型。

(3) Java 的基本运算符和表达式，包括算术运算、赋值运算、关系运算、逻辑运算、位运算、条件运算等。对表达式进行运算时，要注意运算符的优先级，以及混合运算时数据类型的转换。

(4) Java 程序中基本的输入输出方式。

(5) 程序控制的三大基本结构是顺序结构、选择结构和循环结构，另外还有程序的流程中断语句。

(6) 数组包括一维数组和二维数组，对数组的操作通常采用循环语句。

(7) 方法的声明、调用、参数传递和重载。

习　题

1. 下列哪些是正确的标识符？哪些是非法的标识符？

print，_book，5days，+digit，_45，int，-number，a $，averSalary，if_count

2. 写出下列运算表达式的运算结果，已知 x=6，y=10，z=0

(1) x+y==20

(2) x=y+10

(3) x*=5

(4) y%x

(5) y/2>=x? 2:4

(6) y>=6&&x<=6

(7) x!=y || z<0

(8) x=z--+y++

(9) z=x+++++y

3. 编写程序，从键盘输入一个字母，如果是 L，就显示 Left，如果是 R，就显示 Right，其他的字母则显示 Unknown。

4. 编写程序，通过命令行输入 1～12 的一个整数，输出相应月份的英文单词。

5. 编写程序，计算 1～100 所有非 3 的倍数的和。

6. 编写程序，求 Fibonacci 数列中的前 20 项。(Fibonacci 数列中前两项都是 1，以后每项的值是前两项值的和,即 1 1 2 3 5 8 13 21……)

7. 编写程序,求 100～999 所有的三位水仙花数。(水仙花数是指一个 n 位数 (n≥3),它的每个位上的数字的 n 次幂之和等于它本身,例如:1^3+5^3+3^3=153)

8. 编写程序,用 * 打印一个菱形图案。

9. 编写程序,将十进制整数转换为二进制。

10. 编写一个判断素数的方法。以整数作为参数,当该参数是素数时,输出 Yes,否则输出 No。

11. 编写程序,找出一个 5 × 5 的整型二维数组中各元素的最大值和最小值。

12. 编写程序,输入一个字符串,使字符串反序输入。例如,输入"abcd",输出"dcba"。

第3章 类与对象

Java语言是典型的面向对象程序设计语言。本章将结合面向对象的程序设计思想，通过对类和对象的详细介绍，来阐述用Java语言实现面向对象思想中的抽象性和封装性。本章内容重点讲述类与对象的概念、类的定义、对象的使用和包的使用。

本章学习目标：

1. 理解面向对象程序设计思想。
2. 理解类和对象的概念。
3. 掌握类的创建、对象的创建和使用。
4. 掌握类的封装性的目的与实现。
5. 掌握类的导入与包的使用。

3.1 面向对象程序设计概述

3.1.1 面向对象的基本思想

面向对象(Object Oriented，OO)的基本思想是按照人类习惯的思维方式，将客观世界的实体抽象为对象，每个对象封装了数据及对数据的操作，由既相互协作又彼此独立的对象集合来开发软件。

面向对象方法的四个基本特征如下。

(1) 万物皆为对象：客观世界由各种对象组成，而复杂的对象可由比较简单的对象以某种方式组合而成。

(2) 按照对象分类：将所有对象划分成各种类(Class)，每个类都定义了一组数据和一组方法。

(3) 支持类的继承：按照子类与父类的关系，把若干个类组成一个层次结构的系统。

(4) 采用消息通信：对象彼此之间仅能通过传递消息互相联系。

面向对象方法的优势体现在以下几方面。

(1) 符合人们习惯的思维方法，便于分解大型的复杂多变的问题：由于对象对应于现实世界中的实体，因而可以很自然地按照现实世界中处理实体的方法来处理对象，软件开发者可以很方便地与问题提出者进行沟通和交流。

(2) 易于软件的维护和功能的增减：对象的封装性及对象之间的松散组合，都给软件的修改和维护带来了方便。

(3) 可重用性好：重复使用一个类(类是对象的定义，对象是类的实例化)，可以比较方便地构造出软件系统，加上继承的方式，极大地提高了软件开发的效率。

(4) 与可视化技术相结合，改善了工作界面：随着基于图形界面操作系统的流行，面向对象的程序设计方法与可视化技术相结合，使人机界面进入 GUI 时代。

3.1.2 类和对象

既然万物皆对象，我们用编程语言来描述对象，不能为浩繁纷杂每一个对象进行相应描述，这就涉及一个具体到抽象的过程了。其实我们的语言已经做到这一点了。我们平时说到的每一个名词，其实都是将现实世界中的一个个具体的“物体”(或称为“实体(Entity)”)相应的特征和行为抽象出来，并且将各种具有相同特征的“物体”分为一个个的“类(class)”，就是我们为每一类事物起的名字。比如汽车、食物、动物、人等。

我们用一个具体的例子来进一步说明“类”和“对象”之间的联系与区别。以汽车为例，只要是汽车，都应该有以下一些“属性”：轮子、引擎、方向盘、刹车等组件，可以通过一些“方法”来操作汽车，改变汽车的状态，如加速、转向、减速等，这些都是汽车的共性。具体到某辆汽车，它可能有 80cm 的轮子、40cm 的方向盘、A6 引擎，它是一个确定的实例。“汽车”这个名词就是“类”，一辆辆真实的汽车就是“汽车”这个类的实例化。

我们每天的生活、工作，无时无刻不在和“对象”打交道——衣服、食物、房子、汽车等。我们仔细想想，就会发现，当我们处理这些对象时，我们不会将这些对象的属性(对象所具有的特点)和操作分开。如我们进出“房间”时，我们不会将“房门”这个属性和“开门”这个操作分开，它们是联系在一起的。那么，面向对象编程思想力图使得程序和现实世界中的具体实体保持一致。这样，可以让程序员乃至非专业人员更好的理解程序。

类和对象是面向对象编程思想中的核心和基础。类是作为对象的抽象而存在的，所有的对象都依据相应的类来产生，在面向对象的术语中，这个产生对象的过程称为“实例化”。

前面说了，类可以看作是对象的抽象，它是用来描述一组具有相同特征对象的。那么，对象中，最重要的两种特征内容如下。

(1) 数据：数据就是描述对象的信息的静态信息了。比如一辆汽车，它的型号、价格、出厂日期等，都是这个汽车对象的静态信息数据。

(2) 行为：行为就是这个对象可以完成的动作、操作等，是对象的动态特征。接上面的例子，汽车可以启动、行驶、刹车等，都是这辆汽车的动态特征。

通过这两方面的特征内容，基本上这个对象就可以描述清楚了。

Java 中类就是完全模拟了类的特征内容。在 Java 类的定义规范里面，有两方面内容来对应类中的数据和行为。

(1) 成员变量：用来描述对象的数据元素称为对象的属性(也称为数据/状态)。

(2) 成员方法：对对象的属性进行的操作称为对象的方法(也称为行为/操作)。

3.1.3 Java 的面向对象技术

Java 是一种完全面向对象的程序设计语言，它将数据和方法封装在类中。Java 继承了 C++ 的优点，但摒弃了那些含糊、复杂和容易出错的特性。Java 所实现的面向对象的特性，降低了程序的复杂性，实现了代码的可重用性，提高了运行效率。

3.2 类的创建

3.2.1 类的定义

Java语言的类定义中含有两部分:成员变量和成员方法。Java中类定义的一般格式为

```
类的修饰符  class  类名  [extends  父类名]{      //类头
    成员变量的定义;                             //类体
    成员方法的定义;
}
```

说明:

(1) class是关键字,表明其后面定义的是一个类,类名要符合标识符的命名规则。

(2) class前的类修饰符是一些关键字,用于说明类的可访问性(如public等)和其他非访问性质(如final、stataic、abstract等)。

访问控制符定义了类的可访问性,即对其他类是否可见,例如,public修饰符,说明该类可以被其他类使用。请注意:一个Java源文件中最多可能有一个public类,而且源文件名必须和public类名相同。

非访问控制符用于限定类的性质。这些关键字将在后续章节中陆续介绍。

(3) extends是关键字。如果所定义的类是从某一父类派生而来,那么,父类的名字应写在extends之后。当extends项缺省时,则该新建类默认继承Object类。事实上,Object类是Java类树中顶层的根类,其他类都直接或间接继承了Object类。

(4) 类体说明的是类的成员。类的成员包括两大部分:类的成员变量和类的成员方法。

举例:圆类Circle的定义

```
public class Circle{  //圆类的定义
    ...//类体
}
```

3.2.2 成员变量

类的成员变量也称为数据成员,用于描绘类的属性,定义格式如下:

```
成员变量的修饰符  数据类型  成员变量名;
```

说明:

(1) 成员变量的修饰符是一些关键字,用于说明成员变量的可访问性和性质。

访问控制符包括public、private、protected等关键字。static、final、transient和volatile是非访问控制修饰符,用于说明类的成员变量的性质。例如,关键字static说明成员变量是静态数据;关键字final修饰符使得变量成为常量;关键字transient限定成员变量不能被序列化;关键字volatile的修饰使得变量能从内存读取,进行异步修改。这些关键字将在后续章节中陆续介绍。

(2) 数据类型可以是基本数据类型如int、char等,也可以是Java语言提供的类如java.

util. Date、java. lang. String 等,也可以是用户自定义的类如上面定义的 Circle 类。

举例:继续完成 3.2.1 的圆类 Circle。要描述一个圆,用圆心坐标(x,y)和圆的半径 radius 等数据来描述。

```
private double x;          //圆心的 x 坐标
private double y;          //圆心的 y 坐标
private double radius;     //圆的半径
```

3.2.3 成员方法

类的成员方法是类的行为,成员方法的作用主要有:①对该类的成员变量进行各种操作;②与其他类的对象进行信息交流,作为类与外部进行交互信息的接口,所以成员方法大多是公有的。

成员方法的定义格式如下:

```
成员方法的修饰符  返回值的数据类型  成员方法名(参数列表){
    方法体
}
```

说明:

(1) 成员方法的修饰符是一些关键字,用于说明成员变量的可访问性和性质。

成员方法的访问控制符决定其他类是否能访问该方法,包括 public、private、protected 等关键字。其他非访问修饰符有 static、final、abstract、native、synchronized 等,这些修饰符说明了成员方法的某些特性。例如,static 关键字说明成员方法是一个静态方法;final 关键字可以说明成员方法是一个不可以修改的最终方法;abstract 关键字说明该方法是抽象方法;native 关键字说明方法是一个本地方法;synchronized 关键字说明成员方法是一个同步方法。这些关键字将在后续章节中陆续介绍。

(2) 返回值的数据类型可以是任意类型,包括基本数据类型和复合类型(类、接口和数组)。若方法没有返回值,则用 void 关键字表示。

举例:继续完成 3.2.1 的圆类 Circle。

Circle 类已定义了成员变量:圆心坐标(x,y)和圆的半径 radius。成员方法应围绕着成员变量展开,实现对属性的各种操作,例如:计算圆的周长与面积等方法。

```
public double getPerimeter(){ //计算圆的周长
    return  2 * 3.14 * radius;
}
public double getArea(){ //计算圆的面积
    return  3.14 * radius * radius;
}
……
```

3.2.4 类定义示例

【例 3-1】 设计并定义一个圆形类。

分析:类定义中含有两部分:数据成员变量和成员方法。

(1) 圆形类的数据成员变量:圆心坐标、圆的半径。

(2) 圆形类的成员方法(对数据成员的操作):设置与获取圆心坐标和圆的半径,计算圆的周长和面积,圆信息的描述。

```
//Circle.java
public class Circle{                    //圆类的定义
    private double x;                   //圆心的 x 坐标
    private double y;                   //圆心的 y 坐标
    private double radius;              //圆的半径

    public double getX(){               //获取圆心的 x 坐标
        return x;
    }
    public void setX(double x1){        //设置圆心的 x 坐标
        x = x1;
    }
    public double getY(){               //获取圆心的 y 坐标
        return y;
    }
    public void setY(double y1){        //设置圆心的 y 坐标
        y = y1;
    }
    public double getRadius(){          //获取圆的半径
        return radius;
    }
    public void setRadius(double r){ //设置圆的半径
        if (r> = 0)
            radius = r;
        else
            radius = 0.0;
    }
    public double getPerimeter(){       //计算圆的周长
        return 2 * 3.14 * radius;
    }
    public double getArea(){            //计算圆的面积
        return 3.14 * radius * radius;
    }
    public String toString(){           //返回圆的有关信息
        return "Circle:Center = [" + getX() + "," + getY() + "];Radius = " + getRadius();
    }
}
```

小结:"类"是一种数据类型,由数据成员变量和成员方法两部分构成,根据上面的 Circle 类定义例题,学习初步定义类的一般方法。

3.3 对象的创建和使用

3.3.1 创建对象

类是一种数据类型,是对事物的抽象。在程序中,类不能直接使用,必须创建它的实例即对象。就如同在现实问题中,我们遇到的都是一个个具体的事物而不是抽象的概念。在例 3-1 中,我们定义了 Circle 类,但是不能用它表示具体的圆,要先创建 Circle 类的对象。

创建对象的形式有两种。

(1) 第一种形式的创建步骤如下:

第一步,声明对象的引用。Java 系统在内存中为实例分配相应的空间后会将存储地址返回,称此存储地址为对象的引用(reference),也可以称为引用变量。声明一个引用的格式如下:

类名　引用变量名;

例如:Circle circle1;

声明一个 Circle 类的引用变量 circle1。

第二步,对象实例化。必须进行对象实例化之后,才有真正的实例对象出现,实例化过程实际上是为该对象分配内存。创建对象实例的格式如下:

引用变量名 = new 类名();

例如:circle1 = new Circle();

此时真正创建了一个 Circle 类的对象(该对象并没有名字),该对象的首地址存储在 circle1 中。也就是说 circle1 并不是对象,而是对象的引用,更严格地说,是对象的句柄,使用 circle1 进行该对象的操作。

实际上,我们习惯把 circle1 称为 Circle 类的一个对象。它们的关系如图 3-1 所示。

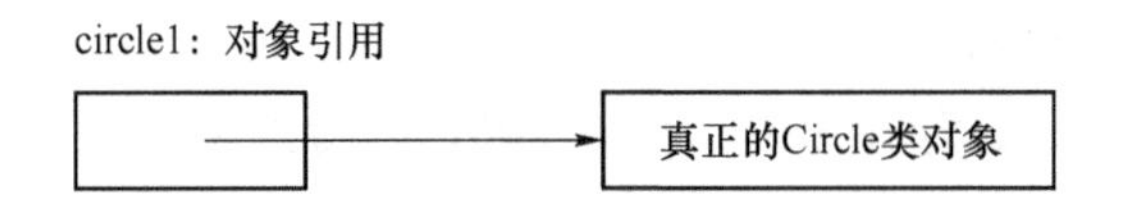

图 3-1　对象引用与对象的关系

(2) 第二种创建对象的形式是在声明对象引用的同时,进行实例化。语法格式如下:

类名　引用变量名 = new 类名();

例如:Circle circle1 = new Circle();

3.3.2 构造方法与对象初始化

在 3.3.1 中提到,在声明了一个对象引用后,要调用 new 运算符为新对象分配空间,其实就是要调用构造方法。在 Java 中,使用构造方法(constructor)是生成实例对象的唯一方法。

构造方法是一类比较特殊的方法,是通过 new 运算符调用,用来创建对象并进行初始化的方法。

1. 构造方法的创建

创建一个构造方法和创建其他成员方法是一样的。但要注意某个类的构造方法的名字应该和这个类的名字一样;构造方法没有返回值(连 void 也不需要),在创建对象实例时由 new 运算符自动调用;同时为了创建对象实例时的方便,一个类可以有多个具有不同参数列表的构造方法,即构造方法可以重载。

【例 3-2】 构造方法示例。

```
public class Xyz{
    private int x;
    public Xyz(){       //参数表为空的构造方法
        x = 0;
    }
    public Xyz(int i){//带一个参数的构造方法
        x = i;
    }
}
```

在类 Xyz 中定义了两个构造方法,其中一个的参数表是空的,另一个带有一个 int 型参数。这两个构造方法的目的都是对类 Xyz 的数据成员 x 进行初始化。

2. 构造方法的调用

由于构造方法的特殊性,它不允许用通常调用方法的方式来调用,实际上它只用于生成对象实例时由系统自动调用。

在创建例 3-2 中定义的类 Xyz 的对象实例时,可以使用两种形式:

```
Xyz  xyz1 = new  Xyz();
Xyz  xyz2 = new  Xyz(2);
```

构造方法中的参数列表的说明方式就决定了该类对象实例的创建方式。例如在 Xyz 类中,不能像下面这样创建对象实例。

```
Xyz  xyz3 = new  Xyz(2,1);
```

因为,Xyz 类中没有定义 Xyz(int i , int j)这样的构造方法。

3. 默认的构造方法

(1) 每个类至少有一个构造方法,如果没有为类定义构造方法,系统会自动为该类生成一个默认的构造方法。

(2) 默认构造方法的参数列表及方法体均为空,所生成的对象的数据成员的值也为零或空。

(3) 如果程序员定义了一个或多个构造方法,则会自动屏蔽掉默认的构造方法。构造方法不能继承。

默认构造方法的参数列表是空的,在程序中可以使用 new Xxx()来创建对象实例,这里的 Xxx 是类名。如果程序员定义了构造方法,那么,最好包含一个参数表为空的构造方法,否则,调用 new Xxx()时会出现编译错误。

4. 构造方法的重载

上面已经提过,一个类可以有多个具有不同参数列表的构造方法,如例 3-2,即构造方法可以重载。

在进行对象实例化时可能会遇到许多不同情况,于是要求针对所给定的不同的参数调用不同的构造方法。这时,可以通过在一个类中同时定义若干个构造方法,即对构造方法进行重载来实现。

有些构造方法中会有重复的代码,或者一个构造方法可能包含另一个构造方法中的全部代码,我们可以简化代码的书写,此时就可能会遇到在其中一个构造方法中引用另一个构造方法的情况。可以使用关键字 this 指代本类中的其他构造方法,如例 3-3。

【例 3-3】 完善例 3-1 所定义的 Circle 类,增加三个构造方法。

```
//Circle1.java
public class Circle1{          //圆类的定义
    private double x;          //圆心的 x 坐标
    private double y;          //圆心的 y 坐标
    private double radius;  //圆的半径

    public Circle1(){          //不带参数的构造方法
        this(0,0,0);
    }
    public Circle1(double x1,double y1,double r){ //带三个参数的构造方法
        x = x1;
        y = y1;
        setRadius(r);
    }
    public Circle1(Circle1 c){          //带一个参数为对象的构造方法
        this(c.x,c.y,c.radius);
    }
    public double getX(){               //获取圆心的 x 坐标
        return x;
    }
    public void setX(double x1){        //设置圆心的 x 坐标
        x = x1;
    }
    public double getY(){               //获取圆心的 y 坐标
        return y;
    }
    public void setY(double y1){        //设置圆心的 y 坐标
        y = y1;
    }
    public double getRadius(){          //获取圆的半径
```

```
        return radius;
    }
    public void setRadius(double r){ //设置圆的半径
        if (r>=0)
            radius=r;
        else
            radius=0.0;
    }
    public double getPerimeter(){     //计算圆的周长
        return 2*3.14*radius;
    }
    public double getArea(){          //计算圆的面积
        return 3.14*radius*radius;
    }
    public String toString(){         //返回圆的有关信息
        return "Circle:Center=["+getX()+","+getY()+"];Radius="+getRadius();
    }
}
```

在例 3-3 中,Circle1 类一共定义了三个构造方法:

```
public Circle1()                                //不带参数的构造方法
public Circle1(double x1,double y1,double r)    //带三个参数的构造方法
public Circle1(Circle1 c)                       //带一个参数为对象的构造方法
```

这三个构造方法的参数列表不同,形成了重载,作用都是在创建对象实例时对数据成员进行初始化。

其中,第一个构造方法是通过调用 this(0,0,0),第三个构造方法是通过 this(c.x,c.y,c.radius),把控制权转给第二个构造方法。今后可以发现,这种写法经常遇到。

5. 构造方法的特性小结

(1) 构造方法的名字与类名相同。

(2) 构造方法没有返回值类型,包括没有 void。

(3) 构造方法通常要说明为 public 类型,即公有的。

(4) 构造方法只能通过 new 运算符调用,用于创建对象实例时对成员数据进行初始化。

(5) 构造方法可以没有参数,也可以有多个参数。

(6) 构造方法可以重载。

(7) 每个类至少有一个构造方法,如果没有为类定义构造方法,系统会自动为该类生成一个默认的构造方法。

3.3.3 对象的使用

类定义后,通过 new 运算调用类的构造方法创建对象实例,并通过对象的引用来操作该对象实例。该引用变量可以使用点操作符来访问每个对象中的成员。

使用对象中的数据和方法的格式如下:

```
对象引用.成员数据
对象引用.成员方法(参数列表)
```

【例 3-4】 在例 3-3:Circle1 类的基础上使用圆类对象。

```
//Circle1Test.java
public class Circle1Test{
    public static void main(String args[]){
        Circle1 c1 = new Circle1();                    //c1:Center = [0.0,0.0];
                                                         Radius = 0.0;
        Circle1 c2 = new Circle1(3.5,6.0,1.0);         //c2:Center = [3.5,6.0];
                                                         Radius = 1.0;
        Circle1 c3 = new Circle1(c2);                  //c3:Center = [3.5,6.0];
                                                         Radius = 1.0;
        System.out.println(c1.toString() + ";Perimeter = " + c1.getPerimeter() + ";
                              Area = " + c1.getArea());
        System.out.println(c2.toString() + ";Perimeter = " + c2.getPerimeter() + ";
                              Area = " + c2.getArea());
        System.out.println(c3.toString() + ";Perimeter = " + c3.getPerimeter() + ";
                              Area = " + c3.getArea());
    }
}
```

程序运行结果如图 3-2 所示。

```
Circle:Center=[0.0,0.0];Radius=0.0;Perimeter=0.0;Area=0.0
Circle:Center=[3.5,6.0];Radius=1.0;Perimeter=6.28;Area=3.14
Circle:Center=[3.5,6.0];Radius=1.0;Perimeter=6.28;Area=3.14
Press any key to continue...
```

图 3-2 例 3-4 程序运行结果

3.3.4 this 关键字

在前面的例 3-3 构造方法重载的例子中已经看到了 this 的使用:通过 this 关键字在一个构造方法中调用另外的构造方法,形式为 this(参数列表)。

每当创建一个对象时,JVM 都会给它分配一个引用自身的指针 this,因此所有对象默认的引用都可使用 this。在程序中使用 this 关键字的情形有以下几种:

- 在类的构造方法中,可通过 this 语句调用该类的另一个构造方法。
- 在一个实例方法内,若局部变量或参数和实例的成员变量同名,则实例的成员变量被屏蔽,此时,可以采用"this.实例的成员变量"的方式来指代实例的成员变量。
- 在一个实例方法内,可通过 this 访问当前实例对象的引用。

使用 this 的约束:仅能出现在类的构造方法或实例方法内,不能在静态方法内使用。

【例 3-5】 构造方法示例。

```
public class Abc{
    private int a;
    private int b;
```

```
    private int c;
    public Abc(int a, int b, int c){
        this.a = a;     //显示地使用 this 访问成员变量 a
        this.b = b;     //显示地使用 this 访问成员变量 b
        this.c = c;     //显示地使用 this 访问成员变量 c
    }
}
```

3.3.5 finalize 方法与对象的销毁

Java 提供了自动内存管理的能力,可以自动释放掉不再被使用的对象。当对象实例不被任何变量引用时,Java 会自动进行"垃圾回收",收回该实例所占用的内存空间。

在 Java 的 Object 类中提供了 protected void finalize(); 方法,任何 Java 类都可以覆盖 finalize() 方法,在这个方法中释放对象所占有相关资源的操作。

当垃圾回收器将要释放无用对象的内存时,先调用该对象的 finalize()方法。若在程序终止前垃圾回收器始终没有执行垃圾回收操作,则垃圾回收器将始终不会调用无用对象的 finalize()方法。

Java 虚拟机的垃圾回收操作对程序是透明的,因此程序无法预料某个无用对象的 finalize()方法何时被调用。

程序即使显示调用 System. gc()方法,也不能保证垃圾回收操作一定执行,所以不能保证无用对象的 finalize()方法一定被调用。

【例 3-6】 finalize 方法示例。

现在 Point 类中定义了一个带有 finalize 方法的点类,然后在 PointTest 类中测试 Point 类对象被设置为无用对象后,finalize 方法的调用情况。

```
//Point.java
public class Point{
    private double x;
    private double y;
    public Point(){
        this(0,0);
    }
    public Point(double x,double y){
        this.x = x;
        this.y = y;
        System.out.println("Point constructor:" + this);
    }
    protected void finalize(){                //Point 类的 finalize 方法
        System.out.println("Point finalizer:" + this);
    }
    public String toString(){
        return "[" + x + "," + y + "]";
```

```
    }
}

//PointTest.java
public class PointTest{
public static void main(String args[]){
    Point p1 = new Point();
    Point p2 = new Point(2.5,2.5);
    //将引用变量p1、p2设置为null,使p1、p2原本指向的对象都变为无用对象
    p1 = null;
    p2 = null;
    System.gc();//调用System.gc(),查看垃圾回收是否启动
    System.out.println();
    }
}
```

经过多次运行,发现Java的垃圾回收操作是否在本程序中执行是不可预知的,即使使用了System.gc()方法,因此程序无法预料某个无用对象的finalize()方法是否被调用。程序运行结果如图3-3、图3-4和图3-5所示。

```
Point constructor:[0.0,0.0]
Point constructor:[2.5,2.5]

Point finalizer:[2.5,2.5]
Point finalizer:[0.0,0.0]
Press any key to continue...
```

图3-3　例3-6程序运行结果(1)

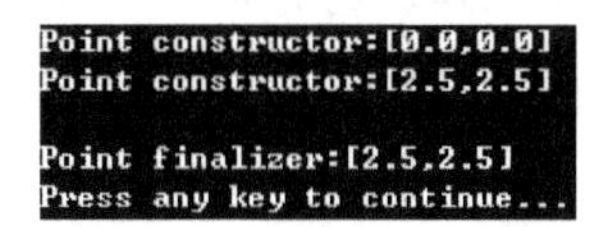

图3-4　例3-6程序运行结果(2)

```
Point constructor:[0.0,0.0]
Point constructor:[2.5,2.5]
Press any key to continue...
```

图3-5　例3-6程序运行结果(3)

3.4 类的封装

3.4.1 封装的目的

类是封装的基本单元。类把数据成员和方法封装起来,使外界对类的认识和使用不用考虑类中的具体细节。

在前面的例子中,有一些问题没有深入探讨,比如,在例3-1中定义了Circle类,由数据成员和成员方法两大部分组成。

```
//Circle.java
public class Circle{                //圆类的定义
...
private double radius;              //用private修饰的成员变量
...
```

```
public void setRadius(double r){ //设置圆的半径
    if (r>=0)
        radius=r;
    else
        radius=0.0;
    }
    …
}
```

通过观察可以发现,成员变量和成员方法定义时,出现了 private、public 这样的关键字,这是成员的访问权限。

对于数据成员变量,大多数情况下使用 private 限制,限制数据成员变量仅可以在类的内部使用,外部不可访问。如果访问权限为 public,那么类外的代码可以直接访问类的数据成员,降低了类中数据的安全性,这是非常危险的。例如在 Circle 类的这个例子中,如果对数据的访问是完全放开的,类的每个使用者可以修改 radius 的值,如果给 radius 赋值的数据是负数,程序会变得混乱且不易控制,因此,还是让类的使用者通过方法来访问数据为好。限制类的外部程序对类内部成员的访问,这就是类的封装目的。

但是封装并不是不允许对类的成员变量的访问,而是创建一些允许外部访问的 public 方法,通过方法有规则地访问类的成员变量。这样的方法称为公共接口。

封装是面向对象方法的一个重要原则。它有两个基本含义:

(1) 将对象的全部属性数据和对数据的全部操作结合在一起,形成一个统一体(也就是对象)。

(2) 尽可能地隐藏对象的内部细节,只保留有限的外部接口,对数据的操作由这些接口实现。

3.4.2 类的访问控制

在 Java 中,根据类的作用和相关性,将大量的类进行了分组,每组起一个名字,称为包名(包的使用在 3.5 节详细介绍)。同一个包里的类是可以互相访问的,而不同包里的类能否互相访问就要由类的访问控制符决定了。

类的访问控制符决定了类的访问范围,有 publlic 和默认(无修饰符)两种,其可访问性如表 3-1 所示。

表 3-1　类的访问控制符及可见性

类的访问控制符 / 访问域	public(公有类)	无修饰符(默认)
同一包	可见	可见
不同包	可见	不可见

- public(公共作用域):一个具有公共作用域的类在封装它的包外面是可见的。
- 默认值(包作用域):一个具有包作用域的类只是在封装它的包中是可见的,如果一个

类声明的前面没有 public 关键字，则此类默认为包作用域。

因此，在声明一个类时，其访问控制符要么是 public(公共作用域)，要么没有(包作用域)。

【例 3-7】 类的访问控制示例。

```
//A.java
package p1;
//A 类为 public 类，属于 p1 包，可被跨包访问
public class A{
    private int a;
    public int getA(){
        return a;
    }
    public void setA(int a){
        this.a = a;
    }
}
//B.java
package p1;
//B 类为默认类，属于 p1 包，只能在 p1 包中被访问，不可以跨包访问
class B{
    private int b;
    public int getB(){
        return b;
    }
    public void setB(int b){
        this.b = b;
    }
}

//C.java
package p2;
//C 类为默认类，属于 p2 包，不可被跨包访问
class C{
    private int c;
    public int getC(){
        return c;
    }
    public void setC(int c){
        this.c = c;
```

```
    }
}

//ABCTest.java
package p2;
import p1.*;
public class ABCTest{
    public static void main(String args[]){
        A objA = new A();      //A类为public类,属于p1包,能被跨包引用
        //B objB = new B();    //B类为默认类,属于p1包,不能被跨包引用
        C objC = new C();      //C类为默认类,属于p2包,不能被跨包引用
        objA.setA(100);
        objC.setC(50);
        System.out.println("objA: a = " + objA.getA());
        System.out.println("objC: c = " + objC.getC());
    }
}
```

程序运行结果如图 3-6 所示。

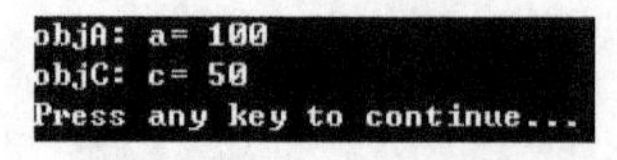

图 3-6 例 3-7 的执行结果

本例一共有四个类:A 类和 B 类属于 p1 包,C 类和 ABCTest 类属于 p2 包。在 ABCTest 类中访问 A 类、B 类、C 类的情况如图 3-7 所示。

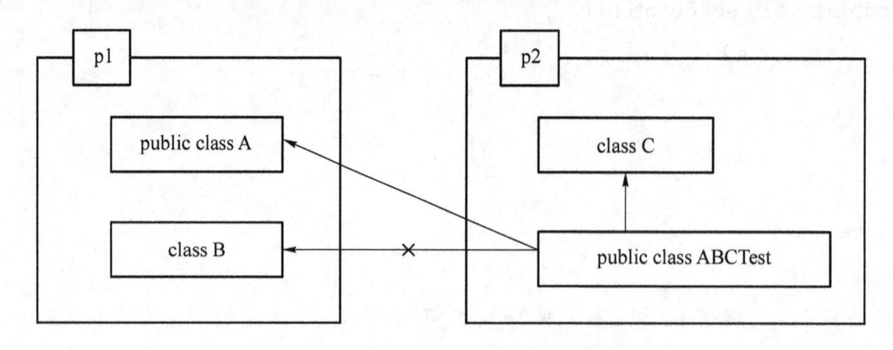

图 3-7 例 3-7 中各类之间的访问关系

3.4.3 成员的访问控制

类的成员不仅包括在类体中声明的成员变量和成员方法,还包括从它的直接父类继承的成员和从任何直接接口继承的成员(继承的问题将在第 4 章学习)。

类成员的访问控制符有 public、protected、private 和默认(无修饰符)四种,其可访问性如表 3-2 所示。

表 3-2　类成员的访问控制符及可见性

访问域 \ 成员的访问控制符		public	protected	无修饰符(默认)	private
同一包	同一个类	可见	可见	可见	可见
	同一包中的子类	可见	可见	可见	不可见
	同一包中的非子类	可见	可见	可见	不可见
不同包	不同包中的子类	可见	可见	不可见	不可见
	不同包中的非子类	可见	不可见	不可见	不可见

- public:用 public 修饰的成员表示是公有的,可以被任何对象访问。
- private:和它的名字"私有"一样,类中限定为 private 的成员只能被这个类本身访问,在类外不可见。
- 无修饰符(默认):不带任何访问控制修饰符的成员是包作用域成员,该成员可以在同一包中被访问。
- protected:用 protected 修饰的成员是受保护的,表示可以被同一包以及其子类中被访问。

【例 3-8】 成员的访问控制示例。

定义了在同一包(缺省包)中的两个类:accessModifier 和 accessModifierTest。

在 accessModifier 类中定义了四个数据成员 a、b、c、d,它们的访问控制符分别是 private、无修饰符、protected、public。

在 accessModifierTest 类中,创建 accessModifier 类的对象 obj,观察 obj 对四个不同类型访问控制符修饰的数据成员 a、b、c、d 的访问情况。

```
//accessModifier.java
public class accessModifier{
    private int a;
    int b;
    protected int c;
    public int d;
    public void setA(int a){
        this.a = a;
    }
    public int getA(){
        return a;
    }
}

//accessModifierTest.java
public class accessModifierTest{
    public static void main(String args[]){
```

```
        accessModifier obj = new accessModifier();
        //obj.a = 1;  //数据成员 a 是私有成员,不可以在 accessModifier 类外访问
        obj.setA(1);  //通过公有方法实现对私有数据成员 a 的操作
        obj.b = 2;
        obj.c = 3;
        obj.d = 4;
        System.out.println("obj:a = " + obj.getA());
        System.out.println("obj:b = " + obj.b);
        System.out.println("obj:c = " + obj.c);
        System.out.println("obj:d = " + obj.d);
    }
}
```

程序运行结果如图 3-8 所示。

```
obj:a = 1
obj:b = 2
obj:c = 3
obj:d = 4
Press any key to continue...
```

图 3-8　例 3-8 程序运行结果

3.4.4　类成员(静态成员)

在类的定义中还可以定义一种特殊的成员,一般称为类成员,它包括类变量和类方法,它们不依赖与特定对象的内容。

在 Java 中生成每个类的实例对象时,是为每个对象的实例变量分配内存,不同对象的内存空间相互独立。但是如果类中包含类成员,则系统只在类定义的时候,为类成员分配内存,不同对象的类成员将共享同一内存空间,如图 3-9 所示。类成员用 static 修饰,又称为静态成员。

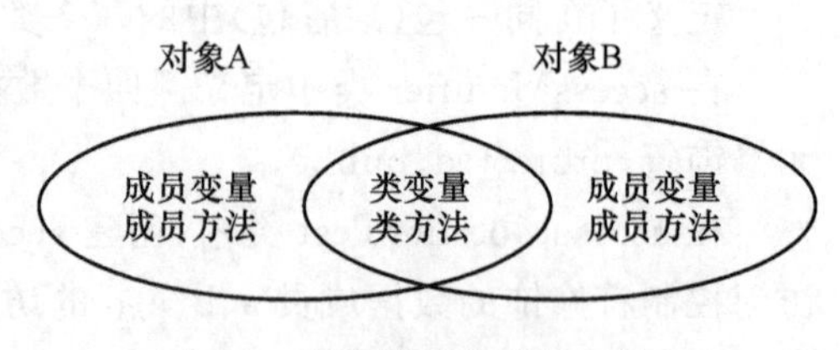

图 3-9　类成员共享内存空间

1. 类变量

Java 语言中没有全局变量的概念,类变量从某种意义上来说相当于其他程序设计语言中的全局变量,类变量的作用主要有以下两点:

(1) 类变量能被该类的所有实例对象共享,实现了实例对象之间数据共享与通信。

(2) 如果类的所有实例对象都包含一个相同的常量属性,则可以把这个属性定义为静态常量类型,从而节省内存空间。

将一个成员变量定义为类变量,只要将 static 关键字加在变量声明的前面。例如:

```
private static int count = 0;
```

类变量在内存中只存储一份,被该类的所有对象共享,任何对象都可以访问它。类变量一旦被修改,将保持被修改后的内容直到下次被修改。

类变量的访问方法,既可以通过类名访问,也可以通过对象引用名访问,其访问格式如下:

类名.类变量名

对象引用名.类变量名

2. 类方法

与类变量类似,类方法是指由 static 修饰的成员方法,又称为静态方法。

类访问的访问方法,也是既可以通过类名访问,也可以通过对象引用名访问,其访问格式如下:

类名 . 类方法名(参数列表)

对象引用名 . 类方法名(参数列表)

使用类方法时,有几个特别的限制需要注意:

(1) 由于静态方法可以在没有定义它所从属的类的对象的情况下加以调用,所以不存在 this 值。

(2) 当在类的静态方法中出现成员变量时,要求成员变量必须是静态的,如果企图使用非静态变量将引起编译错误。

(3) 静态方法不能被子类重写。

【例 3-9】 静态成员的使用示例。

```
//Student.java
public class Student{
    private String name;
    private static int count = 0; //静态变量 count 记录内存中生成的 Student 对象的数目

    public Student(String name){
        this.name = name;
        count ++ ;              //每创建一个 Student 对象,count 加 1
    }
    public String getName(){
        return name;
    }
    public static int getCount(){   //静态方法 getCount,只能访问静态成员 count
        return count;
    }
}

//StudentTest.java
import javax.swing. * ;
public class StudentTest{
    public static void main(String args[]){
        String output = "Student before instantiation:" +
                Student.getCount();
        Student stu1 = new Student("Tom");
        Student stu2 = new Student("Kitty");
        output += "\n\nStudent after instantiation:" +
                "\n Student 1: " + stu1.getName() +
```

```
                "\n Student 2: " + stu2.getName() +
                "\n stu1.getCount(): " + stu1.getCount() +
                "\n stu2.getCount(): " + stu2.getCount() +
                "\n Student.getCount(): " + Student.getCount();
        JOptionPane.showMessageDialog(null,output,
                "staticTest",JOptionPane.INFORMATION_MESSAGE);
    }
}
```

程序运行结果如图 3-10 所示。

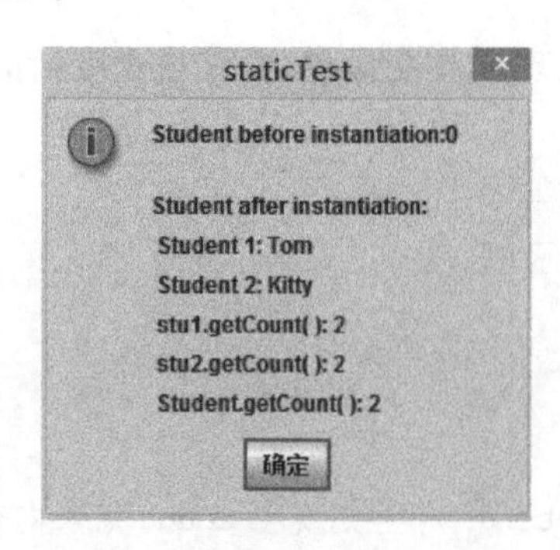

图 3-10　例 3-9 程序运行结果

3.5　类的导入与包

3.5.1　包的概念

包(package)是类和接口的集合,Java 提供的用于程序开发的类就放在各种包中,也可以自己创建包。

Java 常用的包有以下几种。

- java.lang:基本语言类,程序运行时自动导入;
- java.io:所有的输入输出类;
- java.util:实用的数据类型类;
- java.awt:构建图形用户界面(GUI)的类;
- java.awt.image:处理和操纵网上图片的工具类;
- java.awt.peer:实现与平台无关的 GUI 的类;
- java.applet:实现 Java Applet 的工具类;
- java.net:实现网络功能的类。

包具有以下几方面作用。

(1) 划分类名空间:包是一种名字空间机制,同一包中的类(包括接口)名不能重名,不同包中的类名可以重名。解决了类和接口命名冲突问题。

(2) 控制类之间的访问:包是一个访问域,对包中的类有保护作用。例如,一个类的访问控制符是 public，则该类不仅可供同一包中的类访问，而且也可以被其他包中的类访问。如果类声明无修饰符，则该类仅供同一包中的类访问。

（3）有助于划分和组织 Java 应用中的各个类。

3.5.2 package 语句

建立一个包时，使用 package 语句。包语句的格式为

```
package pkg1[.pkg2[.pkg3…]];
```

其功能是创建一个具有指定名字的包，该 java 文件中的所有类和接口都被放在这个包中。

例如，下面的语句是合法的创建包的语句：

```
package dbconnect;
package cn.edu.njupt.ch03;
```

包的命名使用小写字母，采用点分方法，用"."来指明目录的层级，逻辑上包名与物理上的目录结构对应一致，如包名"cn.edu.njupt.ch03"与目录树"cn\edu\njupt\ch03"相对应。

注意：

（1）程序中如果有 package 语句，该语句一定是源文件中的第一条可执行语句，它的前面只能有注释和空行。

（2）一个文件中最多只能有一条 package 语句。

（3）当一个类所在的源文件没有 package 语句时，系统会给源文件创建一个无名包（缺省包），该文件中定义的所有类都属于这个无名包。

3.5.3 import 语句

假设已定义如下的类：

```
package cn.edu.njupt.ch03;
public class MyClass{
    //……
}
```

如果其他包中的类想使用 MyClass，则需要使用全名，如下所示：

```
cn.edu.njupt.ch03.MyClass  my = new  cn.edu.njupt.ch03.MyClass();
```

为了简化程序的书写，Java 提供了导入（import）语句。当要使用其他包中所提供的类时，先使用 import 语句导入所需要的类，程序中无须再使用全名，可以简单写成下面的形式：

```
import cn.edu.njupt.ch03.MyClass;
    //……
MyClass  my = new  MyClass();
```

也可以使用下面这样的形式，表示导入 cn.edu.njupt.ch03 包中的所有类，但不包括 cn.edu.njupt.ch03 子包里的类。

```
import cn.edu.njupt.ch03.*;
```

3.6 综合示例

【问题描述】 设计一个资费管理系统，初步实现对资费的录入、修改、删除、查询等功能。

【系统流程】 如图 3-11 所示。

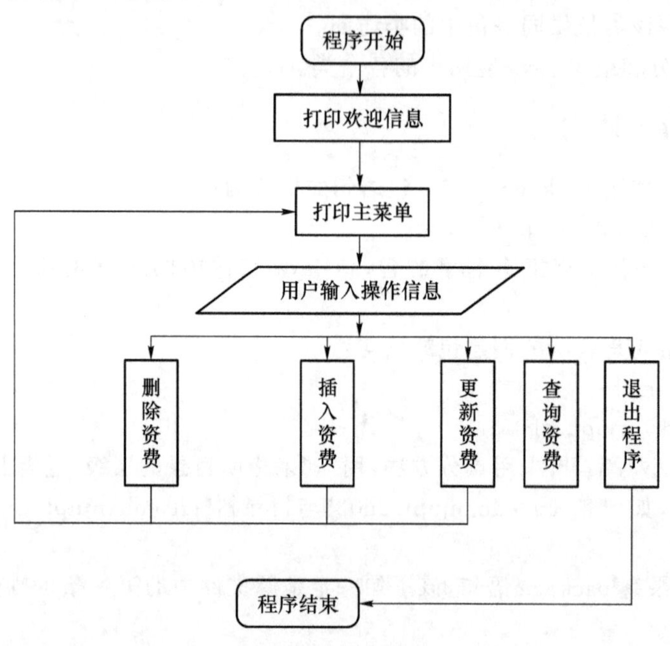

图 3-11 系统流程图

【类图】 如图 3-12 所示。

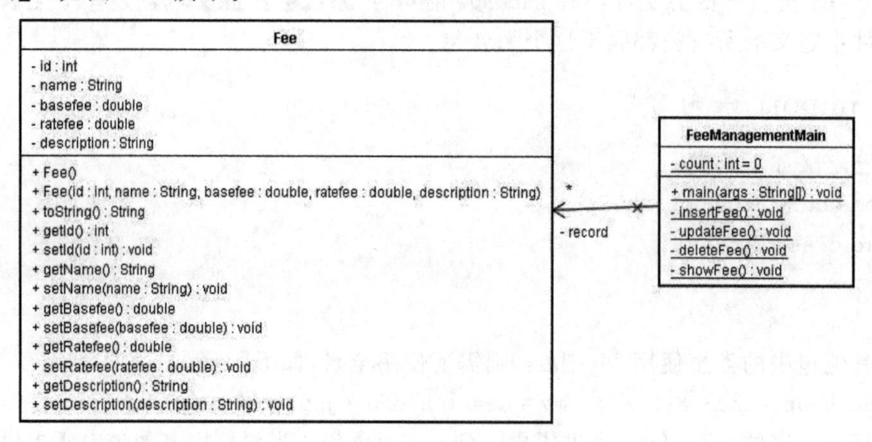

图 3-12 系统主要类的类图

【例 3-10】 类与对象的综合示例：控制台版资费管理系统。

本例一共有三个源文件。

(1) Fee.java：该文件中定义了资费类(Fee)。

(2) MenuUtil.java：该文件设计了在系统运行时显示的各种信息，包括打印控制台资费管理主菜单、打印欢迎信息、打印退出信息。

(3) FeeManagementMain.java：该文件中定义了资费管理类，以控制台的方式提供了对资费的增删修查操作。

```
//Fee.java：本文件中定义资费类(Fee)
package entity;
    public class Fee {
    private int id;                                    //资费编号
```

```
private String name;                            //资费名称
private double basefee;                         //基本资费
private double ratefee;                         //月租费
private String description;                     //资费描述

public Fee(){}                                  //无参构造方法
public Fee(int id, String name, double basefee, double ratefee,
        String description) {                   //有参构造方法
    this.id = id;
    this.name = name;
    this.basefee = basefee;
    this.ratefee = ratefee;
    this.description = description;
}
public String toString() {                      //以 String 形式返回对象信息
    return id + "    " + name + "      " + basefee + "      " + ratefee + "      " + description;
}
public int getId() {                            //得到资费的 id
    return id;
}
public void setId(int id) {                     //修改资费 id
    this.id = id;
}
public String getName() {                       //得到资费名称
    return name;
}
public void setName(String name) {              //设置资费名称
    this.name = name;
}
public double getBasefee() {                    //得到基本费用
    return basefee;
}
public void setBasefee(double basefee) {        //设置基本费用
    this.basefee = basefee;
}
public double getRatefee() {                    //得到月租费
    return ratefee;
}
public void setRatefee(double ratefee) {        //设置月租费
    this.ratefee = ratefee;
}
public String getDescription() {                //得到资费描述
```

```java
        return description;
    }
    public void setDescription(String description) {//设置资费描述
        this.description = description;
    }
}

//MenuUtil.java
package util;
public class MenuUtil {
    //打印控制台资费管理主菜单。
    public static void printMainMenu(){
        System.out.println("┌────────────────────────┐");
        System.out.println("│      控制台资费管理系统      │");
        System.out.println("├────────────────────────┤");
        System.out.println("│ 1.资费录入                 │");
        System.out.println("│ 2.资费修改                 │");
        System.out.println("│ 3.资费删除                 │");
        System.out.println("│ 4.资费查看                 │");
        System.out.println("│ 5.退出                     │");
        System.out.println("└────────────────────────┘");
    }

    //打印欢迎信息。
    public static void printWelcomMessage(){
        System.out.println();
        System.out.println("***********************************
*********");
        System.out.println("**     欢迎使用控制台版资费管理系统     **");
        System.out.println("***********************************
*********");
        System.out.println();
    }

    //打印程序退出信息。
    public static void printExit(){
        System.out.println();
        System.out.println("****************谢谢您的使用**********
******");
        System.out.println();
    }
}
```

```java
/**
 * FeeManagementMain.java
 * 该类为资费管理类,该类以控制台的方式提供了对资费的增删修查操作。
 */
package main;
import java.util.Scanner;
import javax.swing.JOptionPane;
import util.MenuUtil;
import entity.Fee;
public class FeeManagementMain {
    private static Fee record [] = new Fee[10];
    private static int count = 0;
    /**
     * 资费管理程序主方法。
     * 该方法的主要功能有:资费录入、资费修改、资费删除、资费查询。
     */
    public static void main(String[] args){
        Scanner input = new Scanner(System.in);
        boolean play = true;                  //确定用户是否继续使用本程序
        MenuUtil.printWelcomMessage();        //打印欢迎信息
        while(play){
            MenuUtil.printMainMenu();         //打印主菜单
            System.out.print("请选择一个操作:");
            int oper = input.nextInt();
            switch(oper){
            case 1:
                insertFee();                  //插入资费
                break;
            case 2:
                updateFee();                  //更新资费
                break;
            case 3:
                deleteFee();                  //删除资费
                break;
            case 4:
                showFee();                    //显示资费
                break;
            case 5:
                play = false;                 //退出程序
                break;
            }
```

```
        }
        MenuUtil.printExit();                //打印退出信息
    }

    private static void insertFee(){
        int id;
        String name;
        double basefee;
        double ratefee;
        String description;
        id = Integer.parseInt(JOptionPane.showInputDialog("请输入资费编号:"));
        name = JOptionPane.showInputDialog("请输入资费名称:");
        basefee = Double.parseDouble(JOptionPane.showInputDialog("请输入基本资费:"));
        ratefee = Double.parseDouble(JOptionPane.showInputDialog("请输入月租费:"));
        description = JOptionPane.showInputDialog("请输入资费描述:");
        record[count++] = new Fee(id,name,basefee,ratefee,description);
        System.out.println("资费插入成功!");
    }

    private static void updateFee(){
        int i;
        int id;
        String name;
        double basefee;
        double ratefee;
        String description;
        id = Integer.parseInt(JOptionPane.showInputDialog("请输入要修改数据的资费编号:"));
        for(i = 0;i<count;i++)
            if(id == record[i].getId())
                break;
        if(i == count)
            System.out.println("没有这种资费编号! 不能修改!");
        else{
            name = JOptionPane.showInputDialog("请输入新的资费名称:");
            basefee = Double.parseDouble(JOptionPane.showInputDialog("请输入新的基本资费:"));
            ratefee = Double.parseDouble(JOptionPane.showInputDialog("请输入新的月租费:"));
            description = JOptionPane.showInputDialog("请输入新的资费描述:");
            record[i].setName(name);
            record[i].setBasefee(basefee);
```

```
            record[i].setRatefee(ratefee);
            record[i].setDescription(description);
            System.out.println("修改成功!");
        }
    }

    private static void deleteFee(){
        int i,j;
        int id;
        id = Integer.parseInt(JOptionPane.showInputDialog("请输入要删除数据的资费编号:"));
        for(i = 0;i<count;i ++ )
            if(id == record[i].getId())
                break;
        if(i == count)
            System.out.println("没有这种资费编号! 不能删除!");
        else{
            for(j = i;j<count - 1;j ++ )
                record[j] = record[j + 1];
            count -- ;
            System.out.println("删除成功!");
        }
    }

    private static void showFee(){
        int i;
        System.out.println("资费编号   资费名称   基本资费   月租费   资费描述");
        for(i = 0;i<count;i ++ )
            System.out.println(record[i].toString());
    }
}
```

【运行测试】

1. 主界面(如图 3-13 所示)

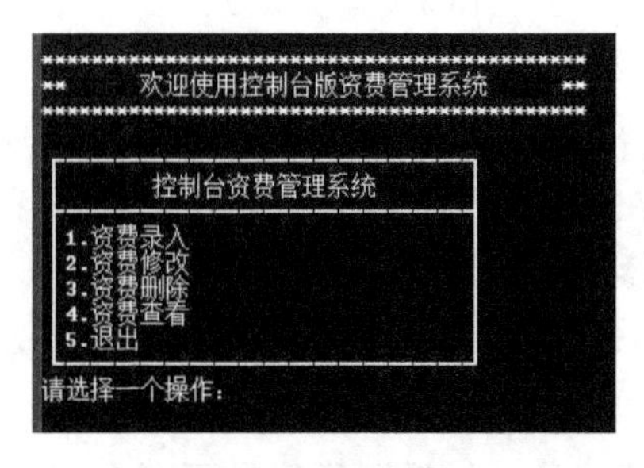

图 3-13　运行主界面

2. 资费录入(如图 3-14 所示)

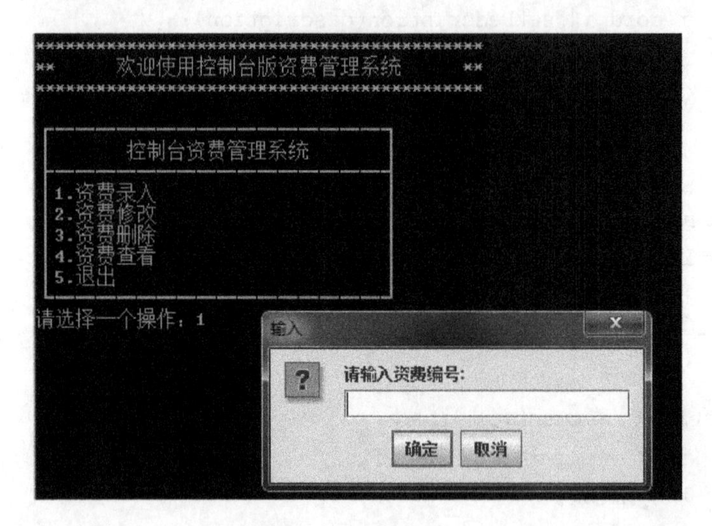

图 3-14　资费录入

请选择一个操作:1

依次按对话框的提示,录入:资费编号、资费名称、基本资费、月租费和资费描述信息。插入完成后会显示“资费插入成功!”信息。

3. 资费修改(如图 3-15 所示)

图 3-15　资费修改

请选择一个操作:2

按对话框的提示,输入资费编号。如果资费编号不存在,显示“没有这种资费编号！不能修改!”信息;如果资费编号存在,按对话框的提示,输入:资费名称、基本资费、月租费和资费描述信息。修改完成后会显示“修改成功!”信息。

4. 资费删除(如图 3-16 所示)

请选择一个操作:3

按对话框的提示,输入资费编号。如果资费编号不存在,显示“没有这种资费编号！不能删除!”信息;如果资费编号存在,删除该条资费信息,删除完成后会显示“删除成功!”信息。

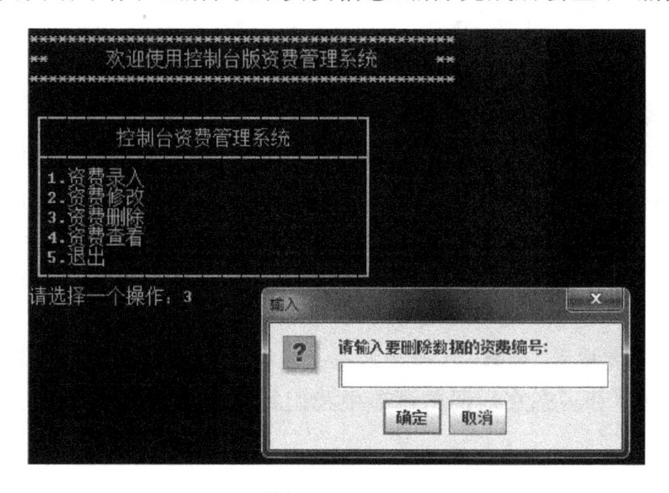

图 3-16 资费删除

5. 资费查看(如图 3-17 所示)

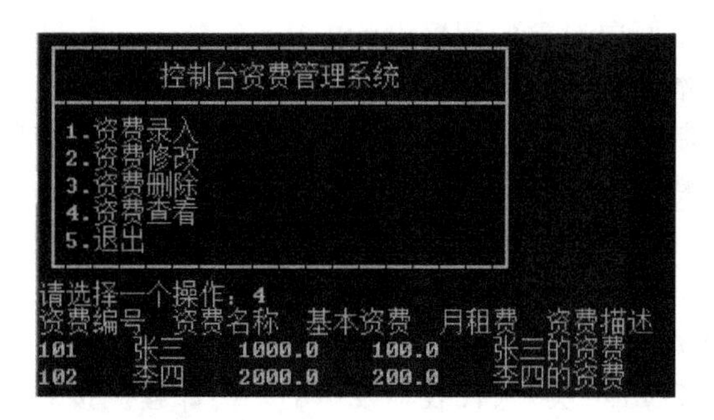

图 3-17 资费查看

请选择一个操作:4

显示所有资费信息。

6. 退出系统(如图 3-18 所示)

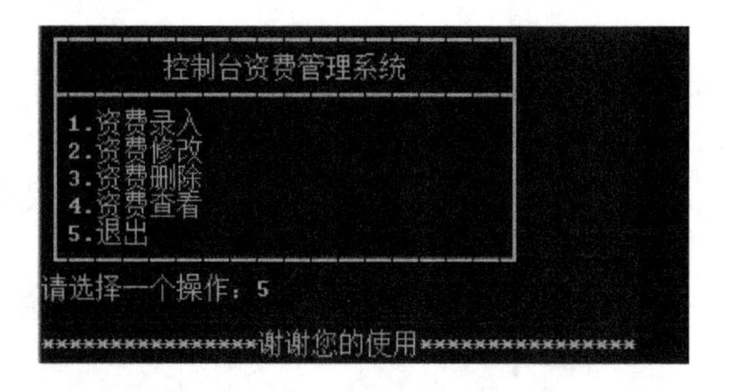

图 3-18 退出系统

请选择一个操作:5

显示退出信息。

小　结

通过本章初步学习与体会面向对象程序设计的思想。OOP 技术把问题看成是相互作用的事物的集合，用属性来描述事物，而把对它的操作定义为方法。在 OOP 中，把事物称为对象，把属性称为数据，这样对象就是数据加方法。对象在程序中是通过一种抽象数据类型来描述，这种抽象数据类型就称为类(Class)。本章的重点就是学习如何定义类、如何实例化对象，以及对象如何使用。

OOP 中采用的三大技术：封装、继承和多态。将数据及对数据的操作捆绑在一起构成类，体现了封装技术。继承和多态在后面的章节中我们将进一步学习。

习　题

1. 什么是类？什么是面向对象的程序设计方法？

2. 什么是对象？基本数据类型与对象有何不同？

3. 修饰类的访问控制符有哪些？修饰类中成员的访问控制符有哪些？

4. 构造方法有哪些特点？

5. 构造方法重载的作用是什么？

6. Java 中的包和 Windows 的文件夹有什么关系？

7. 说明类(静态)成员的特点。

8. 设计并实现一个 Course 类，它代表学校中的一门课程。按照实际情况，将这门课程的相关信息组织成它的属性，并定义必要的相应方法。

9. 设计并实现一个 Box 类。要求：定义 3 个实例变量分别表示 Box 的长、宽和高，并定义必要的方法。创建一个对象，求给定尺寸的立方体的表面积和体积。

10. 学生类的创建和使用。

(1) 创建一个 Student 类，包括的私有数据成员有学号、姓名、性别、年龄等。

(2) 声明一个构造方法，以初始化对象的所有数据成员。

(3) 声明分别获得各数据成员(学号、姓名、性别、年龄等)的各个 public 方法。

(4) 声明分别修改各数据成员(学号、姓名、性别、年龄等)的各个 public 方法。

(5) 声明一个 public 型的 toString()方法，把该类中的所有数据成员信息组合成一个字符串。

(6) 在类中声明统计班级总人数的私有数据成员 count，以及获得班级总人数的 public 方法。

(7) 将 Student 类放在子包 student 中。

(8) 在子包 student 外，创建测试类 StudentTest。在测试类中，使用 Student 类创建多个对象，测试 Student 类的每个 public 方法。

第4章 继　　承

本章讨论类的继承机制。继承是面向对象语言的三大特征之一，是从已有的类中派生出新的类。通过定义派生类来使用继承技术，这种技术使得复用以前的代码非常容易，能够大大缩短开发周期，降低开发费用。定义派生类时，可以通过指定类的成员访问修饰符来控制对类的成员访问；对超类的构造方法和 finalize 方法进行调用；还可以对超类的方法进行重新书写。

本章学习目标：

1. 理解继承的作用。
2. 掌握继承中关键字的用法。
3. 掌握方法的重写。
4. 掌握类型的转换。
5. 了解根父类的相关方法。
6. 了解类的层次结构设计。
7. 能够使用继承设计用户界面。

4.1　类的抽象和扩展

继承是从已有的类中派生出新的类，新的类能吸收已有类的数据属性和行为，并能扩展新的能力。派生出来的类称为子类，也叫派生类。用来派生子类的类称为父类或超类。

继承是类之间的一种"is-a"的关系。子类可看成是超类的一个特例。子类的对象可当成超类对象。但反过来，不能把超类对象当成子类对象。例如，轿车可看成交通工具，但不能把交通工具看成是轿车。而"has-a"关系代表类之间的组合。在"has-a"关系中一个对象包含一个或多个其他对象的引用成员。例如，轿车由方向盘、轮子、发动机等组成。

Java 不支持多重继承，单继承使 Java 的继承关系很简单，一个类只能有一个父类，易于管理程序，同时一个类可以实现多个接口，从而克服单继承的缺点。

继承避免了对一般类和特殊类之间共同特征进行的重复描述。在继承关系中，子类通过吸收已有类的数据(属性)和方法(行为)，并增加新功能或修改已有功能来创建新类。运用继承原则不仅节省了程序的开发时间，还促进了经过验证和调试的高质量软件的重用，这加快了实现系统的效率。

在 Java 语言中，除了 Object 类没有父类，其他每个类都有一个并且只有一个直接的父类。在没有任何其他显式父类的情况下，每个类的父类都是 Object 类。Object 类定义和实现了 Java 系统所需要的众多类的共同行为。

4.2 继承的定义

4.2.1 语法格式

继承定义的一般格式为

```
[类的修饰符]class 子类名 extends 父类名{
    成员变量定义;
    成员方法定义;
}
```

继承的定义中,用关键字 extends 来明确指出它所继承的父类。

【例 4-1】 继承示例。

人物类 People 类为父类,实现了 eat 方法。代码如下:

```
class People{
      public void eat(){
            System.out.println("这个人吃了一顿饭!");
      }
}
```

这个 People 类是泛指,代表广义概念上的人物类。现在想要创建一个代表更具体的学生类(Student 类),最简单的方法是从 People 类派生出来,然后在子类中只需要增加新的特性(字段或方法)或修改原有特性即可。例如:

```
final class Student extends People{
    public void eat(){
        System.out.println("这位学生在食堂吃了一顿饭!");
    }
}
```

学生类 Student 类继承了 People 类,并在类中重新定义了 eat 方法,输出学生吃饭提示。在上面的例子中需要注意,Student 类为 final,不允许被继承。

4.2.2 构造器与实例化

子类与父类是属于两个不同的语句块,也就是属于两个不同的作用域,作用域不同也意味着内存存储区域的差异。

【例 4-2】 父类与子类的使用示例。

```
class ClsSuper{
    public int m_a = 20;
}

class ClsSub extends ClsSuper{
    public int m_a = 30;
```

```
}
ClsSuper o2 = new ClsSub();
System.out.println(o2.m_a);              //ClsSuper 中成员。
```

以上代码中，子类对象的空间分配也是分成两个部分：父类内存空间，子类内存空间。对象决定访问的开始位置，类型决定访问的范围，如图 4-1 所示。

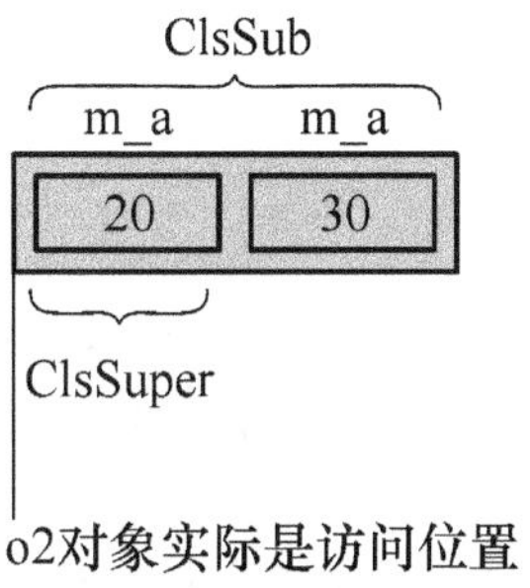

当子类扩展父类，子类对象可以访问父类的成员，但其中有几个必须要注意：

(1) 父类的构造器不能初始化子类成员，子类构造器不能初始化父类成员。子类与父类的成员都是由自己的构造器完成初始化。

(2) 子类对象初始化的时候，首先判定是否有父类，没有父类就直接调用构造器完成成员变量初始化；有父类则调用父类构造器完成父类成员变量的初始化，然后调用子类构造器初始化子类成员变量。

(3) 当子类初始化的时候，会调用父类构造器，但由于构造器重载，Java 引入如下语法规则：

- 当子类初始化的时候，默认调用父类的缺省构造器。
- 但也可以指定构造器类初始化父类成员变量，使用 super 关键字，super 关键字会在 4.2.3 节中进行阐述。

ClsSub
m_a m_a
20 30
ClsSuper
o2对象实际是访问位置

图 4-1 子类对象的空间分配示意图

【例 4-3】 使用 super 指定父类构造器的示例。

```
class ClsSuper{
    protected int m_a = 20;
    public ClsSuper(){}
    public ClsSuper(int a){
        m_a = a;
    }
}
publicclass ClsSub extends ClsSuper{
    private int m_b = 30;
    public ClsSub(int b,int a){
        super(a);          //调用父类的构造器 ClsSuper(int a)
        m_b = b;
    }
    public ClsSub(int b){ //调用父类的缺省构造器 ClsSuper(),m_a = 20
        m_b = b;
    }
    public static void main(String[] args){
        ClsSub sub = new ClsSub(100);
        System.out.println(sub.m_a + "\n" + sub.m_b);
    }
}
```

例 4-3 中 public ClsSub(int b,int a)构造函数通过 super(a)调用了父类中带一个参数的构造函数。而 public ClsSub(int b)构造函数中则隐式地调用了父类中无参的构造函数。具体运行结果如图 4-2 所示。

```
E:\javaExamples>javac ClsSub.java

E:\javaExamples>java ClsSub
20
100
```

图 4-2 例 4-3 程序运行结果

当把子类对象赋值给父类对象,则会导致真正的类型无法确认。Java 提供 instanceof 二元操作符来识别对象的真正类型,instanceof 也是 Java 中保留的关键字。具体用法为

对象 instanceof 类型

它的作用是判断其左边对象是否为其右边类型的实例,返回 boolean 类型的数据。一般 instanceof 用来判断继承中的子类的实例是否为父类的实现。

【例 4-4】 instanceof 示例。

在例 4-3 的基础上,我们对 main()方法进行修改。具体代码如下:

```
class ClsSuper{
    protected int m_a = 20;
    public ClsSuper(){}
    public ClsSuper(int a){
        m_a = a;
    }
}
public class ClsSub extends ClsSuper{
    private int m_b = 30;
    public ClsSub(int b,int a){
        super(a);          //调用父类的构造器 ClsSuper(int a)
        m_b = b;
    }
    public ClsSub(int b){ //调用父类的缺省构造器 ClsSuper(),m_a = 20
        m_b = b;
    }
    public static void main(String[] args){
        ClsSuper o1 = new ClsSub(300);
        if(o1  instanceof  ClsSub)
                System.out.println("o1 是 ClsSub 类型");
        else
                System.out.println("o1 是 ClsSuper 类型");
        ClsSuper o2 = new ClsSuper(200);
        if(o2  instanceof  ClsSub)
```

```
                System.out.println("o2 是 ClsSub 类型");
        else
                System.out.println("o2 是 ClsSuper 类型");
    }
}
```

程序运行结果如图 4-3 所示。

```
E:\javaExamples>javac ClsSub.java

E:\javaExamples>java ClsSub
o1 是ClsSub类型
o2 是ClsSuper类型
```

图 4-3　例 4-4 程序运行结果

4.2.3　Super 的使用

关键字 super 除了当成构造器使用外,还可以作为作用域使用:

(1) 当父类成员与子类成员冲突的时候,使用[super.成员]可以区分是父类中成员,不加 super 前缀或者加 this 前缀表示是当前类成员。

(2) 当父类、子类成员不存在冲突的时候,不需要 super 前缀。

注意:

(1) super 作为构造器使用,必须放在构造器中,而且必须是第一行。

(2) super 作为作用域使用,可以在构造器,也可以在成员方法内使用,可以放在任意行。

【例 4-5】　super 示例。

```
public classClsSuper{
    protected String name;
    ClsSuper(String Name){
        name = Name;
    }
}
class ClsSub extends ClsSuper{
    String name;
    ClsSub(String Name1,String Name2){
        super(Name1);
        this.name = Name2;
    }
    public void setName(String Name1,String Name2){
        super.name = Name1; //访问父类中的 name 成员
        this.name = Name2;  //访问当前类中的 name 成员
    }
    public static void main(String[] args){
        ClsSub cs = new ClsSub("Father","Son");
```

```
        cs.setName("Father1","Son1");
        System.out.println(cs.name);
    }
}
```

程序运行结果如图 4-4 所示。

```
Son1
Press any key to continue...
```

图 4-4　例 4-5 程序运行结果

4.2.4　继承关系下的作用域

成员访问控制修饰符有：public、private、protected 和默认(无修饰符)。在继承关系存在的情况下，这些访问修饰符具有如下特点。

(1) 超类的 public 成员既可以在超类中使用，也可以在子类使用，程序可以在任何地方访问超类 public 成员。

(2) 超类的 private 成员仅在超类中使用，在子类中不能访问。

(3) 超类的 protected 成员提供了一种介于 public 与 private 之间的访问级别。protected 超类成员可以被子类和同一包内的类所访问。

(4) 子类继承超类成员时，超类的所有 public 和 protected 成员在子类中，都保持它们原有的访问修饰符。例如，超类的 public 成员成为子类的 public 成员。超类的 protected 成员也会成为子类的 protected 成员。子类只能通过超类所提供的非 private 方法来访问超类的 private 成员。

4.3　方法的覆盖

子类继承了父类中的除构造方法外的所有成员及方法。在某种情况下，子类中继承而来的方法需要表示的行为与其父类中该方法所表示的行为不完全相同。例如，在父类动物中，定义了跑这个方法，而在子类中，跑的方法是不同的：狮子由狮子的跑方法实现，兔子由兔子的跑方法实现，这时，需要在子类中重写或覆盖其父类中的该方法。

成员方法名在父类和子类中在语法上是允许一样的，冲突分为两种情况。

(1) 在类内部不通过对象使用。

这时可以使用 this、super 关键字区分。

(2) 通过对象使用。

Java 语法的默认规则是：不管对象是什么类型，调用的方法都是 new 后构造器所在类的方法，与对象的表现类型无关，称为覆盖(Override)。例如，我们有如下两个类的定义：

```
class  ClsSuper{
    public void show(){}
}
class ClsSub extends ClsSuper{
```

```
    public void show(){}
}
```

此时声明如下语句：

```
ClsSuper objsuper = new ClsSub();
objsuper.show();
```

对于 objsuper 对象，它的表现类型是 ClsSuper 类型，但它的实际类型是 ClsSub 类型。明确了 objsuper 对象的实际类型后就能够明白 objsuper. show();语句中调用的 show()方法是 ClsSub 类中的 show()方法。

Java 提供的 Override 语法对程序的稳定结构有非常重要的作用。

【例 4-6】 覆盖与多态的示例。

```
class ClsSuper{
    public void show(){
        System.out.println("In super class");
    }
}
class ClsSub1 extends ClsSuper{
    public void show(){
        System.out.println("In Sub class 1");
    }
}
class ClsSub2 extends ClsSuper{
    public void show(){
        System.out.println("In Sub class 2");
    }
}
public classMain{
    public static void main(String[] args){
        ClsSuper obj1 = new ClsSub1();
        ClsSuper obj2 = new ClsSub2();
        call(obj1);
        call(obj2);
    }
    public  static void call(ClsSuper obj){
        obj.show();
    }
}
```

上述代码中，在 main 方法里创建了两个对象 obj1 和 obj2，从表现类型看这两个对象都属于 ClsSuper 类型，但 obj1 的实际类型是 ClsSub1 类型，obj2 的实际类型是 ClsSub2 类型。而对于 call()方法，在内部调用时会根据对象的实际类型不同而调用不同的方法，这称为多态(一个方法多种实现)。

程序运行结果如图 4-5 所示。

```
In Sub class 1
In Sub class 2
Press any key to continue...
```

图 4-5　例 4-6 程序运行结果

注意:

(1) 为了防止方法被覆盖,可以使用修饰符 final,使用 final 修饰的方法是不能被覆盖的。

(2) 为了防止覆盖方法因拼写原因,而没有覆盖,可以使用标注修饰(@Override)让编译器做语法检测。

(3) 在 override 语法中,子类中的 override 方法的修饰符能弱于父类中的方法。

修饰符的强弱按照如下顺序排列:

public

缺省(什么修饰符都不写)

protected

private

覆盖的异常列表在设计上是希望逐步处理,所以子类的 override 方法的异常列表中的异常类不能多于父类的异常列表中的异常类型。

【例 4-7】 覆盖异常列表的示例。

```
class ClsSuper{
    public void show()throws IOException {
    }
}
class ClsSub1 extends ClsSuper{
    @Override
    public void show(){                    //语法合法
    }
}
class ClsSub2 extends ClsSuper{
    @Override
    public void show() throws Exception{//语法非法,多于父类的异常列表
    }
}
```

上述代码中,ClsSub2 类中的 show()方法抛出的 Exception 异常比其父类抛出的 IOException 异常要多,因此编译器认为 ClsSub2 类中的 show()方法不能覆盖其父类中的 show()方法。

除了防止方法被覆盖,Java 还引入了防止继承的语法机制:在 class 前加 final 修饰符。例如:

```
final  class ClsSuper{
    public void show() {
    }
}
```

上述代码定义的 ClsSuper 类将不能作为父类派生出子类。

4.4 类型转换

从前面的语法可知，把子类类型的对象赋值给父类类型的对象是合法的，类型是自动转换的。这种转换是合理的。因为类型转换实际的作用是改变了对象空间的访问范围。子类对象的访问范围大于父类类型的范围。当子类类型的对象赋值给父类类型的对象，只是从大的范围限制到小的范围；当父类类型的对象赋值给子类类型的对象，等同于从小范围扩大访问范围，扩大的部分空间可能是合法，也可能不合法，所以父类对象赋值给子类对象是不允许的。但如果程序员确保扩大的空间是合法的，想转换对象的类型，Java 也提供语法进行把父类类型的对象转换为子类类型的对象，即强制类型转换。例如：

```
ClsSuper   o1 = new ClsSuper();   //合法
ClsSub    o2 = new ClsSub();      //合法
ClsSuper   o3 = new ClsSub();     //合法
ClsSub    o4 = new ClsSuper();    //非法
ClsSub   o5 = o1;                 //非法
ClsSub   o6 = (ClsSub)o1;         //合法，但实际对 o1 扩大访问范围的空间不存在
```

使用强制类型转换，可以把父类类型对象转换以后赋值给子类类型对象，但程序实际运行的时候可能访问不到可能不存在的扩展空间，这样导致错误。所以建议在对象强制转换前，先判定它的真正类型后再转换。例如：

```
if (o1 instanceof ClsSub){
    ClsSub   o6 = (ClsSub)o1;
}else{
    System.out.println("不能转换");
}
```

4.5 根父类：Object 类

4.5.1 认识 Object 类

在很多地方都提到了 Object 类。Object 类是很特别的一个类，位于 java.lang 包中，处于 Java 类层级树的顶端。不管继承或者不继承，在 Java 中所有的类都继承自 Object 的类。Object 类为 Java 中的所有类提供了最基本的属性和方法，是 Java 中所有类的高度概括。

【例 4-8】 初步了解 Object 类。

```
class ClsSuper{
    public void show(){
```

```
        System.out.println("In super class");
    }
    public static void main(String[] args){
        ClsSuper obj = new ClsSuper();
        System.out.println(obj.toString());
    }
}
```

上述代码中,obj 是 ClsSuper 类的对象,obj 调用了没有在 ClsSuper 类中定义的 toString()方法,该方法正是从 Object 类中继承过来的。

此外,Object 类提供了一个缺省构造器和一组基本方法,具体如表 4-1 所示。

表 4-1　Object 类的基本方法

方　法	作　用
protected Object clone()	克隆
boolean equals(Object obj)	相等判定
protected void finalize()	析构回调
Class<? > getClass()	返回运行时类型
int hashCode()	返回对象的 hash 码
void notify()	唤醒当前对象监视的等待线程
void notifyAll()	唤醒当前对象监视的所有的等待线程
void wait()	让当前线程等待
void wait(long timeout)	让当前线程等待 timeout 毫秒
void wait(long timeout, int nanos)	让当前线程等待 timeout 毫秒+纳秒
String toString()	把对象转换为字符串,println 打印对象会自动调用

4.5.2　equals()方法使用与继承

使用"=="只能判定两个对象是否使用同一空间。无法判定两个对象的内容是否相等。Object 提供 equals()方法用来判定两个对象的内容是否相等。equals()方法默认的是判定对象的空间地址相等,可以重载该方法来实现定制的相等判定规则。

【例 4-9】　equals()方法的示例。

```
class ClsSuper{
    private  int m_score = 20;
    public 111oolean equals(Object obj) {
        if(obj instanceof ClsSuper){
            ClsSuper o = (ClsSuper)obj;
            if(o.m_score == this.m_score)
```

```
                return true;
            else
                return false;
        }
        else
            return false;
    }
    public static void main(String[] args){
        ClsSuper obj1 = new ClsSuper();
        ClsSuper obj2 = new ClsSuper();
        if(obj1.equals(obj2))
            System.out.println("obj1 is equal to obj2");
        else
            System.out.println("obj1 is not equal to obj2");
    }
}
```

因为 obj1 中成员变量的值和 obj2 中成员变量的值相等,所以程序运行结果如图 4-6 所示。

```
obj1 is equal to obj2
Press any key to continue...
```

图 4-6 例 4-9 程序运行结果

4.5.3 hashCode()方法使用与继承

一般的地方不需要重载 hashCode()方法,只有当类需要放在 HashTable、HashMap、HashSet 等 hash 结构的集合时才会重载 hashCode()方法。

使用规则:

(1) 如果 hashCode 在 equals 方法中不提供比较信息,则最好保持返回值不变。一般不要求 hashCode 的值是不变的。

(2) 如果两个对象通过 equals 判定相等,则 hashCode 返回值必须相等。

(3) 如果两个对象通过 equals 判定不相等,而 hashCode 可以返回相等的值。但 equals 不相等,hashCode 返回不同的值可以提高 HashTable 的性能。

(4) 建议不同对象返回不同 hashCode。

注意: 需要重载 equals()方法就一定要重载 hashCode()方法。建议使用 equals()方法中相关的成员变量的 hashCode()方法返回值来运算而成。

4.5.4 toString()方法使用与继承

如果想使用标准输出对象,则需要覆盖 toString()方法。建议 toString()方法返回用户需要输出的信息。

【例 4-10】 toString()方法的示例。

```
public class A
{
    public String toString(){
        return"this is A";
    }
    public static void main(String [] args){
        A a = new A();
        System.out.println(a);
    }
}
```

程序运行结果如图 4-7 所示。

```
this is A
Press any key to continue...
```

图 4-7 例 4-10 程序运行结果

4.6 枚举类型

4.6.1 枚举类型的定义

枚举类型是 JDK1.5 中引入的语法。

语法：

```
修饰符  enum  枚举名{
    枚举值 1,枚举值 2,…[;]
}
```

在枚举类型的定义中，如果没有其他成员(如成员方法、构造器等)，分号可以省略。

例如，我们要定义颜色，包括红色和蓝色，如果不使用枚举类型，我们可以使用类来定义：

```
public class Color{
    public static final int RED = 1;   //红色
    public static final int BULE =  2; //蓝色
}
```

如果使用枚举类型：

```
public enum Color {
    RED,
    BULE
}
```

4.6.2 枚举类型与类

枚举的本质是类，在没有枚举之前，仍然可以按照Java最基本的编程手段来解决需要用到枚举的地方。枚举屏蔽了枚举值的类型信息，不像在用public static final定义变量时必须指定类型。枚举是用来构建常量数据结构的模板，这个模板可扩展。枚举的使用增强了程序的健壮性，比如在引用一个不存在的枚举值的时候，编译器会报错。

注意：

(1) 一个enum块生成一个class文件。

(2) 枚举类型enum默认是final，不能被继承。

(3) 枚举类型enum也可以有成员变量、成员方法、构造器。

(4) 枚举类型的构造器默认是private的，也只能是private的。

(5) 枚举类型不允许使用super调用父类构造器。

enum的构造器的特点如下。

(1) enum可以有带参构造器，也有缺省构造器。

(2) 由于enum的构造器私有，只能在枚举类型内部使用。除传统的单子模式使用方式外，还包含枚举独特的使用方式。

【例4-11】 枚举类型的使用。

```
enum Color{
    RED,
    BLUE;
    public int a;
    private Color(){
        this.a = 999;
    }
    private Color(int a){
        this.a = a;
    }
    public void show(){
        System.out.println(a);
    }
}
```

4.6.3 Enum类

Enum类是所有枚举类型的公共基本类，枚举类型enum是一个类块，在Java中所有的enum块的父类型是Enum类。

【例4-12】 Enum类的使用示例。

```
public class MyEnum {
    enum Color{
        RED,BLUE;
        public int a;
```

```
        private Color(){
            this.a = 999;
        }
        private Color(int a){
            this.a = a;
        }
        public void show(){
            System.out.println(a);
        }
    }
    public static void main(String[] args) {
        Color c = Color.RED;
        c.show();
        System.out.println(c.name());
        Color cc = Enum.valueOf(Color.class, "BULE");
        System.out.println(cc);
    }
}
```

程序运行结果如图 4-8 所示。

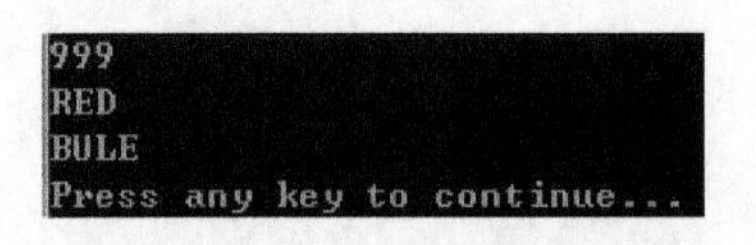
```
999
RED
BULE
Press any key to continue...
```

图 4-8　例 4-12 程序运行结果

4.7　继承的设计与应用

4.7.1　类的层次结构设计

类的设计中除了良好的关联性可以呈现类的结构层次外，类的继承结构也可以呈现非常好的结构层次。一个好的类结构层次设计，必须有良好的继承结构设计，我们把类之间的继承关系称为泛化关系。

对于类的继承层次结构设计可以从如下几个角度设计。

1. 抽象(设计父类)

(1) 从已有多个类对共性(成员变量/成员方法)抽取出父类，形成继承结构。

(2) 从一个类，把不变部分抽取出父类，形成继承结构。

(3) 从一个类，对数据与方法进行二次分类，对新分类的类逐步扩展，形成继承结构。

(4) 对设计中涉及通用编程的地方，考虑抽取父类，形成继承结构。

2. 扩展（设计子类）

(1) 设计结构稳定后，新增加的设计类，尽量从已有类继承设计。

(2) 对有父子关系的类，尽量从父类扩展出不同使用情况的子类。

(3) 尽量利用 JDK 的类作为父类来设计新的类。

4.7.2 使用继承设计用户界面

有了继承语法以后，我们不用再直接使用 JDK 类，尤其是 Swing，我们可以使用继承的语法来扩展、增强 Swing 的类，来减少重复编码。从保持风格一致的原则，在 Swing 的 GUI 设计遵循如下原则：

(1) 尽量不要直接使用 Swing 中的类，而是继承重写。

(2) 窗体类不要直接创建对象，而是继承窗体类，把其他类设计成窗体的成员变量，是容器与容器中的类设计成聚合或者包含关系。

(3) 通过继承重写 Swing 类产生定制的外观。

小　　结

本章介绍了面向对象设计的一个重要性质——继承。通过继承在原有类的基础上派生出高效的子类。在子类中可以增加新的成员，使用父类中被声明为 protected 和 public 的成员，也可以在子类中重写父类中的方法，使该方法的执行更符合子类的情况。

继承层次结构下的构造方法的调用次序：在创建子类对象时，必须先调用直接父类的构造方法，然后才调用子类本身的构造方法。继承层次结构下的 finalize 方法的调用次序恰恰与此相反。

习　　题

1. 下面哪个方法与题目中的不是重载方法 public int max(int x,int y)？（　　）。

A. public double max(double x,double y)

B. public int max(int n,int k)

C. public int max(int x,int y, int z)

D. public double max(double n,double k)

2. 为了区分类中重载的同名的不同方法，要求（　　）。

A. 参数列表不同　　　　B. 调用时用类名或对象名做前缀

C. 参数名不同　　　　D. 返回值类型不同

3. A 派生出子类 B ，B 派生出子类 C，并且在 Java 源代码中有如下声明：

```
A a0 = new A();
A a1 = new B();
A a2 = new C();
```

问以下哪个说法是正确的？（　　）

A. 只有第 1 行能通过编译

B. 第 1、2 行能通过编译，但第 3 行编译出错

C. 第 1、2、3 行能通过编译，但第 2、3 行运行时出错

D. 第 1 行、第 2 行和第 3 行的声明都是正确的

4. 下面哪个方法与题目中的不是重载方法 public int max(int x,int y)？（　　）

A. public double max(double x,double y)

B. public int max(int n,int k)

C. public int max(int x,int y, int z)

D. public double max(double n,double k)

5. 某个类中存在一个方法：void getSort(int x)，以下能作为该方法的重载的声明的是？（　　）

A. public getSort(float x)

B. double getSort(int x,int y)

C. int getSort(int y)

D. void get(int x,int y)

6. 下列叙述中，正确的是（　　）。

A. 子类继承父类的所有属性和方法

B. 子类可以继承父类的私有的属性和方法

C. 子类可以继承父类的公有的属性和方法

D. 创建子类对象时，父类的构造方法都要被执行

7. 试描述继承下的父类（超类）和子类的概念。父类、子类间有何关系？

8. 什么是单重继承？什么是多重继承？Java 采用什么继承？

9. 关键字 protected 的作用是什么？什么情况下使用比较合适？

10. 什么叫方法的重新定义？

11. 试解释构造函数重载的作用。一个构造函数如何调用同类的其他构造函数？如何调用父类的构造函数？

12. 阅读下面的程序并写出程序的执行结果，并说明为什么？

```
class S1{
    public static void main(String[] args)
    A.{
        new S2();
    }
    S1(){
        System.out.println("s1");
    }
}
Class S2 entends S1{
    S2(){
        System.out.println("S2");
    }
}
```

13. 定义一个类 MyRectangle 代表矩形，为矩形定义 getLength 方法（获得矩形的长

度），getWidth 方法（获得矩形的宽度），setLength 方法（设置矩形的长度），setWidth 方法（设置矩形的宽度），getArea 方法（求矩形的面积）和 toSting 方法（显示矩形的格式），为矩形派生出一个子类 MySquare 代表正方形，并对 getArea 和 toString 进行重写。编写程序进行测试。

14. 编写一个类实现地址的概念，包括的属性有"国家""省份""县市""街道""门牌""单位""邮编"自"定义方法"装这些属"，并定义一个方法按照标准格式打印出寄给该地址的信封。从该地址类派生出国内，国际两种地址，两种地址格式不同 。重载打印信封的方法，新方法不再在方法内部直接执行打印操作，而是返回一个按格式组合好的地址字符串。

第5章　抽象、接口与标注

由于继承方便实现代码的可重用，所以继承是 Java 编程语言具备的一个重要功能。一门面向对象的编程语言，通常有两种方法避免重复书写代码，第一种方法是实现常用代码的程序库，第二种方法就是设计继承功能。

具体来说，继承可以通过两种方式来达成代码重用：(1)方法继承，即一个“子类”通过继承“父类”，获得父类中的“方法”代码；(2)通用，即(假设有使用者)要(通过编写代码来调用)能满足需求的一系列类，应该尽量调用更通用的类(从继承层次上看，更抽象的类)，然后通过“虚拟方法调用”(VMI，Virtual Method Invocation，本章抽象类部分将详细讲解)来最终调用更具体的类的代码，可以想到，“通用”技术使得使用者的调用代码不需要经常修改(更易于维护)。

在第 4 章中，继承已经被详细讨论过，而本章将详细讨论“通用”技术。

本章学习目标：

1. 掌握抽象类、接口、标注的基本概念及设计理念。
2. 理解抽象类、接口在面向对象方法中所起的作用。
3. 熟悉抽象类、接口、标注的语法与应用。
4. 理解抽象类、接口、标注的使用原则。
5. 掌握常用的抽象类、接口和标注类型。

5.1　抽　象　类

5.1.1　概述

为什么需要抽象类呢？先看一段代码，假定需要定义“电子设备”和“电视”两个类，容易看出，“电视”类是“电子设备”类的一种，所以“电视”类是“电子设备”类的子类，代码如下：

```
public class ElectronicEquipment {
        public void open(){
        }
        public void close(){
        }
}
public class TV extends ElectronicEquipment{
}
```

由上面两段代码可以看出：电视类 TV 是电子设备类 ElectronicEquipment 的子类，TV

通过继承 ElectronicEquipment 类拥有了 ElectronicEquipment 类的 open()方法和 close()方法。通过继承，TV 类确实不需要再实现 open()和 close()两个方法，但这里存在一个问题：即电子设备类 ElectronicEquipment 是一个抽象的类型，它的 open()方法和 close()方法是无法实现出来的，而对于这种抽象级别比较高，其中的方法无法实现，但是情理上，作为一个电子设备，一定是有"开"和"关"这两个功能的，针对这种需求，Java 设计了抽象类这一概念。

如果使用抽象类重新实现上面的代码，将会变成下面这样：

```
public abstract class ElectronicEquipment {
    public abstract void open();
    public abstract void close();
}

public class TV extends ElectronicEquipment {
    public void open() {
        //codes...
    }
    public void close() {
        //codes...
    }
}
```

从上面这个例子可以看出：抽象类是一个 Java 提供的很有用的面向对象功能，此功能允许类型的某一部分保持"抽象"(就是只写一个名字，不提供实现代码)。当某个类型只知道部分内容如何实现，而其余部分希望让子类来提供，就可以使用抽象类，相反地，如果某个类型实现了全部内容则称其为具体类。

5.1.2 抽象类的语法

Java 中抽象类的语法如下：

```
abstract class SomeAbstractClass {
    abstract void someAbstractMethod();
    //其他具体已经实现的代码;
}
```

正如上面语法所展示的，Java 语法要求抽象类及抽象方法前面要加 abstract 关键字修饰，这条语法规则的另一种表述是：一个类里面只要有任何一个方法是抽象的，那么这个类就是抽象的，且这个方法和类都必须在定义前面冠以 abstract 关键字来修饰。

由于抽象类中包含没有代码实现的抽象方法，所以 Java 不允许创建出抽象类的对象。另外，Java 允许某个类将继承而来的父类当中的具体方法通过加 abstract 关键字转换为一个抽象方法，使得在继承路径上，从这个类开始，方法转换了角色。日常生活中，这也是可以理解的，如果祖先的某些做法已经不能适应当前环境了，子类当然可以引入变化。

【例 5-1】 抽象类的使用示例。

例 5-1 中，我们创建了抽象类 Shapes，该类中包含一个非抽象方法和两个抽象方法 getArea()、getPerimeter()，并在 Shapes 类的基础上创建了三个非抽象的派生类：Square、 rightTriangle 和 Circle。分别在这三个类中实现父类的抽象方法。

```
abstract class shapes {
    public int width, height;
    public Shapes(int width, int height) {
        this.width = width;
        this.height = height;
    }
    abstract double getArea();
    abstract double getPerimeter();
}
class Square extends Shapes {
    public double getArea() {
        return (width * height);
    }
    public double getPerimeter() {
        return (2 * width + 2 * height);
    }
    public Square(int width, int height) {
        super(width, height);
    }
}
class rightTriangle extends Shapes {
    public double c;
    public double getArea() {
        return (0.5 * width * height);
    }
    public double getPerimeter() {
    return (width + height + c);
    }
    public rightTriangle(int base, int height) {
        super(base, height);
        c = Math.sqrt(width * width + height * height);
    }
}
class Circle extends Shapes {
    public double r;
    public double getArea() {
        return (r * r * Math.PI);
    }
    public double getPerimeter() {
```

```
        return (2 * Math.PI * r);
    }
    public Circle(int width) {
        super(width, width);
        r = (double) width / 2.0;
    }
}
public class abstractclass{
    public static void main(String[] args){
        Square Box = new Square(25, 25);
        rightTriangle tri = new rightTriangle(3, 4);
        Circle Oval = new Circle(8);
        System.out.println("Box Area:" + Box.getArea());
        System.out.println("Box Perimeter:" + Box.getPerimeter());
        System.out.println("Triangle Area:" + tri.getArea());
        System.out.println("Triangle Perimeter:" + tri.getPerimeter());
        System.out.println("oval Area:" + Oval.getArea());
        System.out.println("oval Perimeter:" + Oval.getPerimeter());
    }
}
```

程序运行结果如图 5-1 所示。

```
Box Area:625.0
Box Perimeter:100.0
Triangle Area:6.0
Triangle Perimeter:12.0
oval Area:50.26548245743669
oval Perimeter:25.132741228718345
Press any key to continue...
```

图 5-1　例 5-1 程序运行结果

在例 5-1 中,对于抽象类 Shapes,如果新增一个非抽象方法:double getVolume(){ return 0.0;}则其所有子类都将继承该非抽象方法,而不用重写定义。这是因为,抽象类中既可以包含抽象方法,也可以包含非抽象方法。

5.2　接　　口

5.2.1　概述

到目前为止,我们已经学习了面向对象编程中的类型(Type)、类(Class),类可以看成是某种类型(Type)的设计(design)以及实现(implementation)。而本章要讲到的接口(Interface)

可以看成是类型(Type)的设计,由于只是设计,所以接口中不包含类型的实现代码,仅包含类型的属性和方法签名,类可以通过扩展(expand/extend)或继承(inherit)一个或多个接口来实现类型(Type)的设计。有时接口的作用也常常可以看成是一种类型合同,某个类声称要扩展这个接口,那么就要实现这个接口中的合同内容。

由于接口可以起到类似"合同"的作用,所以一个好的 Java 应用程序应该首先定义好接口,然后由具体的类来实现这些接口,由于这种"合同"贯穿始终,所以无论是应用程序的使用者还是代码的编写者都能从清晰的"合同"中获益。

在 Java 中,被继承的类和被实现的接口都称为父类型(Supertypes),继承父类的类或者实现接口的类都称为子类型(Subtype),这一点很重要,因为一个类属为 Supertypes 的引用变量是可以实际指向任何 Subtype 的对象从而实现多态的。由于接口也是 Supertypes,所以接口也可以用来定义引用变量,并且这个引用变量可以指向实现了这个接口的 Subtype 的对象。

最后,Java 中允许一个类同时实现多个接口,但是一个类只允许继承一个父类(当然这个父类可能还有父类,所以一个类可能有多个祖先类,但是只允许有一个父类),为什么 Java 做这样的限定,超出本书讨论的范围,感兴趣可以查询"multiple implementation inheritance"相关内容。

5.2.2 接口语法

"接口"的一个常见的用途是包含具有某种能力的方法签名,一个类如果实现了这个接口中的这些方法,就说这个类有了接口所说明的能力。例如 Java JDK 中的接口:Comparable、Serializable 等,其中 Comparable 接口说明了可以被"比较"的能力,Serializable 接口说明了可以"序列化成字节"的能力(从而可以在字节流中传输,并且可以通过硬盘存取)。

接口由一组常量和抽象方法组成。具体语法格式如下:

```
[访问修饰符] interface 接口名 [extends 父接口名列表]{
    接口成员定义
}
```

上述语法中,访问修饰符可以是 public 或者缺省,缺省即为包作用域。

下面是 Comparable 接口的定义:

```
public interface Comparable<T> {
    int compareTo(T obj);
}
```

可以看出接口的定义和类的定义很像,只是关键字换成了 interface,花括号当中是接口的内容,其中只包含了一个方法,名叫做 compareTo(),如果某个类实现了这个接口中的 compareTo()方法,那么这个类就具有了可比较能力。下面举一个长方形的例子。

```
class Rectangle implements Comparable<Rectangle> {
    private int length;
    private int width;
    public int size() {
```

```
            return length * width;
        }
        public int compareTo(Rectangle p) {
            return this.size() - p.size();
        }
    }
```

上面代码定义了一个长方形类 Rectangle，由于 Rectangle 实现了 Comparable 接口，所以 Rectangle 具有可比较的能力，对于一个长方形，假设应用程序需要比较的是其面积，则 compareTo()方法就可以像上面代码中那样实现。

现在，已经了解到定义一个接口需要有 interface 关键字和一个接口的名字，并且在接下来的花括号中定义接口的内容或成员。接口允许有三类成员：(1)常量；(2)方法(仅有方法签名，不能有实现)；(3)嵌套类和嵌套接口。另外要注意的是，由于一个非 public 的成员除了控制自身成员的访问之外，没有太大的意义，所以 Java 接口中的成员都是隐式 public 可访问的，并且一般 public 是省略不写的。

接口可以定义命名常量，这些常量是隐式 public、static、final 的，而且常量必须要有初始值，不允许有空的常量。如果想要在接口中定义一些可以修改的数据超出了本书讨论的范围，对此内容感兴趣可以查询如何将命名常量定义为一个对象引用。

接口中定义的方法是隐式抽象(abstract)和公有(public)的，所以仅仅是一个方法签名而已，习惯上 abstract 关键字也是省略不写的，方法也不能带有除了标注以外其他的修饰符。由于还没有实现，所以接口内的方法不能是 final 的。另外由于 static 方法不能是抽象的，所以接口方法也不能用 static 修饰。

接口在定义的时候，对于这个接口，可以有三种修饰符：(1)标注；(2)public，表示接口是公共可访问的，如果没有 public 表示接口只能在当前 package 中访问；(3)strictfp，这个修饰符表示接口中所有的常量以及所有的内部类都是严格用浮点数计算。

5.2.3 接口的扩展

接口可以使用 extends 关键字在其他接口的基础上进行扩展，而且与类的继承或扩展不同，接口支持多扩展，也就是接口可以同时从多个其他接口进行扩展。一个接口 A 扩展了接口 B，则 B 称为 A 的父接口，A 称为 B 的子接口。

如果一个子接口扩展了一个父接口，则这个子接口会继承父接口中的所有常量，如果父接口和子接口中有相同名字的常量，则不管这两个常量类型是否相同，子接口的命名常量会覆盖父接口中的常量。父接口中被覆盖的命名常量是被隐藏起来了，如果要访问必须使用父接口名加点的方式。

子接口会继承所有父接口中声明的方法。如果子接口中声明的方法具有和父接口中声明的方法相同的签名(方法名称和参数列表)，则新接口中的方法会覆盖父接口中的方法。如果几个方法的签名相同，但是返回类型不同，则实现这个接口的类只能实现一个方法，且此方法实现的返回类型必须为所有同签名方法返回类型的子类型(可想象为数学上的公倍数)。

另外和类方法的继承一样，接口方法的重写(override)同样不允许引入新的异常(Exception)类，也不允许丢掉某个已有的异常类，如果把接口想象成合同，这一限制很容易理解：大家应该按合同办事，而不能随意添加或去掉内容。

如果父接口中定义的方法具有相同的名称，但是参数不同，则实现这些接口的类须以重载(overload)的方式实现所有这些方法。

5.2.4 起标签作用的接口

如果一个接口没有定义任何方法，那么它可能只用于起标签作用，有类继承这个接口就说明具有接口所说明的能力，例如 Cloneable 就是这样一个接口，Cloneable 中没有定义任何方法，继承或实现这个接口只表示这个类具有克隆操作。

5.2.5 如何使用接口

接口看上去和抽象类有些相似，他们主要有两个区别：(1)接口可以多继承，而类只允许单继承；(2)抽象类可以有部分的实现，可以有静态方法等；而接口不允许有任何实现。所以如果希望有一种方式可以限定子类的内容，并且已经有部分内容可以实现，就可以选择使用抽象类，而且如果把抽象类中实现了的方法定义为 final 方法，还可以进一步控制子类的行为。

【例 5-2】 接口的使用示例。

在例 5-2 中，我们创建了接口 CAR，包含了 start()和 stop()方法的声明，在实现了 CAR 的两个类中分别实现这两个方法。

```
interface CAR{
    void start(); //默认为 public
    void stop();  //默认为 public
}
class Truck implements CAR{
    @Override
    public void start() {
        //TODO Auto-generated method stub
        System.out.println("Truck starts...");
    }
    @Override
    public void stop() {
      //TODO Auto-generated method stub
      System.out.println("Truck stops!");
    }
}
class Bus implements CAR{
@Override
    public void start() {
        //TODO Auto-generated method stub
        System.out.println("Bus starts...");
    }
    @Override
    public void stop() {
```

```
        //TODO Auto - generated method stub
        System.out.println("Bus stops!");
    }
}
public class testInterface{
    public void openCar(CAR c){
        c.start();
        c.stop();
    }
    public static void main(String[] args){
        testInterface ti = new testInterface();
        Truck truck = new Truck();
        Bus bus = new Bus();
        ti.openCar(truck);
        ti.openCar(bus);
    }
}
```

程序运行结果如图 5-2 所示。

```
Truck starts...
Truck stops!
Bus starts...
Bus stops!
Press any key to continue...
```

图 5-2　例 5-2 程序运行结果

5.3　标　　注

5.3.1　标注(Annotations)概述

编写程序代码少不了代码注释，例如在一句代码前面通过注释文字来解释代码的含义。源代码的编译器通常是直接忽略这些注释的，Java 提供了一个称为标注的特殊类型(annotation types)使得注释变得具有程序意义。

标注类型在 Java 语法上是像下面这样定义的：

```
@interface ClassComm {
    String createdBy();
    String usedTo();
}
```

可以看出标注属于一种特殊的接口，特殊在于 interface 关键字前面还要加上一个@(读音和英文单词 at 是一样的，而 at 正好是 annotation types 的首字母)，标注接口内部定义了两个返回字符串的方法称为这个标注类的元素。

在定义好了一个名为 ClassComm 的标注以后，如何使用它呢？像下面这样：

```
@ClassComm (
    createdBy = "Zhang San",
    usedTo = "copy datas."
)
public class SomeClass {
    //…
}
```

可以看到使用标注只需要在某个类前面用@开头，并且紧跟定义好的标注类名，然后给里面的元素赋值即可。

标注类型的定义规则与接口很像，你可以单独在一个文件中定义标注类型，也可以在某个类的文件中定义标注类型。

标注类型当中定义的方法称为元素，须遵循以下规则：

(1) 元素类型可以是原始类型、字符串、枚举类型、其他标注类型、类，或者数组；

(2) 元素不能有任何参数；

(3) 元素不能用 throws 语句扔出异常；

(4) 元素不能使用泛型。

本质上标注类型的元素很像一个对象的属性，元素的值取决于标注类型在实例化成对象时，是如何初始化的。标注类型在定义时，还支持用 default 关键字来给元素指定一个默认的初始值，例如像下面这样：

```
@interface ClassComm {
    String createdBy() default "Li Si";
    String usedTo() default "do a calculation.";
}
```

5.3.2 标注类型中用到其他标注类型

标注类型支持嵌套，例如假设有一个员工标注类型：

```
@interface Employee {
    String name;
    int level;
}
```

则 ClassComm 可以这样定义：

```
@interface ClassComm {
    Employee employee();
    String usedTo();
}
```

使用时，可以这样赋值：

```
@ClassComm {
    employee = @Employee(name = "Li Si");
    usedTo = "copy data.";
```

```
}
public class SomeClass {
    //…
}
```

5.3.3 没有元素的标注类型

为了满足一个只表示某种含义但没有任何内容的注释，Java 还支持没有任何元素的标注类型，例如 java. lang. Deprecated，这个标注就只表示它修饰的那个类型已经过时了，已经存在新的更好的类。

而如果一个标注类型只有一个元素，那么标注类型本身就可以表示想要表达的含义，元素名字往往可以只命名为 value，例如：

```
@interface Author{
    String value();
}
```

最后，再注意标注类型的以下几点限制：

(1) 标注类型都是隐含地扩展自 java. lang. annotation. Annotation 接口；

(2) 标注类型不能使用泛型；

(3) 标注类型不能以自己作为元素。

除此以外，标注类型就像接口一样，可以允许定义常量和隐式作为 static 的嵌套类型。

5.3.4 标注元素的初始化

如果标注类型没有元素或者它的所有元素有默认值，则标注的初始化列表可以省略，例如：

```
@Deprecated
public void SomeMethod() { /* … */ }
```

或者也允许有一个空的初始化列表：

```
@Deprecated()
public void SomeMethod() { /* … */ }
```

当标注类型中的元素是一个数组时，初始化像下面这样：

```
@interface Authors{
    String[] value();
}
@Authors({ "Zhang San", "Li Si"})
```

5.3.5 限制标注的使用

在定义一个新的标注类型时，可以通过 java. lang. annotation. Target 标注类型来限制某标注类型可以使用的场合，怎么做到的呢？Target 标注类型有一个元素，元素的类型是 java. lang. annotation. ElementType，而 ElementType 的类型是 java. lang. Enum（枚举类型）的子类，元素名字为 value：

```
@interface Target{
```

```
        ElementType[] value();
    }
```

ElementType 的成员如表 5-1 所示。

表 5-1　ElementType 成员列表

ElementType 的成员	说明	ElementType 的成员	说明
ANNOTATION_TYPE	标注类型声明	METHOD	方法声明
CONSTRUCTOR	构造方法声明	PACKAGE	包声明
FIELD	类成员声明	PARAMETER	参数声明
LOCAL_VARIABLE	局部变量声明	TYPE	类、接口、标注类型、枚举类型声明

下面举一个使用 Target 来限定标注使用场合的例子：

```
    @Target(ElementType.TYPE)
    @interface Author{
    String name();
        String id();
    }
```

根据表 5-1 可知，上面代码(Target 限定为 ElementType.TYPE)是将 Authors 这个标注类型限定在只能用于类、接口、标注类型、枚举类型的声明上。如果实际代码违反这个限定，编译器会出错。而如果一个标注类型在定义时，没有@Target 加以限制，则这个标注可以用在任何场合。另外有@Target 限制的标注在用于定义某个标注类型的元素时，@Target 的作用可以不用考虑。

5.3.6　标注类型的使用限定

Java 通过标注类型@Retention 来限定标注的使用，而限定的手段就是取 java.lang.annotation.RetentionPolicy 这一枚举类型中的值。java.lang.annotation.RetentionPolicy 这一枚举类型中定义了三个元素，具体如表 5-2 所示。

表 5-2　RetentionPolicy 成员列表

RetentionPolicy 的成员	说　明
CLASS	标注仅是记录在类文件中，编译器无须在运行时关注
RUNTIME	标注记录在类文件中，编译器会在运行时关注此标注
SOURCE	编译器忽视这个标注

例如下面定义一个保存在类的二进制文件中，只有在运行的时候才有效的标注类型：

```
    @Retention(RetentionPolicy.RUNTIME)
    public @interface SomeAnnotation {
            public int ver();
            public String description();
    }
```

5.3.7 标注类型的使用原则

由于标注可以重载，所以大量的标注容易将代码弄乱，使用标注时应该谨慎。虽然标注是允许自己定义的，但是实践中很少有人自己定义标注，而常用的 JDK 提供的标注有以下几个：

(1) @Target 和@Retention 元标注；

(2) @Deprecated 和@Documented 标注；

(3) @Inherited 元标注表示如果在当前类中查不到所要求的标注，应该到父类中去找；

(4) @Override 标注表明紧跟此标注后的方法是父类中相同方法的重写版本，编译器可以据此信息检查代码是否书写正确(确实是在重写父类方法)；

(5) @SuppressWarnings 表示编译器应该忽略指定的"警告"，指定的警告类型是通过元素来指定的，但是并没有一个预先定义好的警告类型列表，所以这个标注的使用可能会带来风险(应该重视的警告被忽略了)。

最后，使用标注类型并没有一个统一的评判准则，一般情况下，要避免标注类型影响代码的执行路径，将标注类型只看成程序的注释的升级版更为合适。

小　　结

本章讨论了抽象类、接口、标注这三个 Java 的面向对象功能。在 5.1 节中，对抽象类的概念、语法以及面向对象的思想进行阐述。5.2 节中介绍接口的概念、语法以及接口的面向对象思想，其中接口的使用原则，与抽象类的区别是难点。5.3 节中介绍标注这一概念，详细总结了常见的标注类型及其元素，讨论标注的使用限制以及使用原则。

本章讨论的内容涉及面向对象思想方法学，合理地使用本章介绍的内容，对于编写大规模程序代码，提高程序的可靠性、可用性很有帮助。

习　　题

1. 简述什么是抽象类、接口？以及抽象类和接口的区别。
2. 应该在什么时候使用抽象类？什么时候又该使用接口？
3. 从语法上讲，抽象类和接口在成员声明方面有什么要求？
4. JDK 已经实现的常见接口有哪些？分别如何使用？
5. 简述什么是标注？常见的标注类型有哪些？
6. 什么是标注元素？标注元素应该如何定义及初始化？
7. 标注的使用原则是什么？

第6章　异常与断言

代码执行少不了检查和处理各种错误，例如代码想要读写文件之前必须先检查文件是否存在或成功打开，在面向过程的编程中错误检查与处理代码不得不处在每一处需要检查的代码之前，使代码看上去逻辑不够连贯和清晰。Java 提供的异常这一功能首先使得代码的错误处理可以统一在某一个地方而非所有需检查点之前进行，这就使得代码更为清晰。同时 Java 将异常设计为类，这使得 Java 可以更方便地让程序员处理错误。例如 Java 语法支持方法声明时指明自己可能会抛出何种类型的异常，所以程序员在使用这个方法时就能够明确知道应该处理哪些错误，同时编译器也可以利用异常类型做更多的检查。

本章学习目标：

1. 掌握异常、断言的基本概念。
2. 理解 Java 异常处理的各种要求。
3. 熟悉异常、断言的语法以及应用。
4. 理解 Java 异常、Java 断言的使用原则。

6.1　异　常

6.1.1　基本概念

首先 Java 将异常设计为一种类(Class)，当程序出现某种错误时，相当于有一个该异常类的异常对象被抛出，所以 Java 定义了 java. lang. Throwable 类，所有异常类都是 Throwable 类的子类(如图 6-1 所示)。Throwable 类定义了不少方法，最常用的是可以接收一个字符串作为异常原因说明的构造方法，以及可以将这个异常原因取出来的 getMessage()方法。

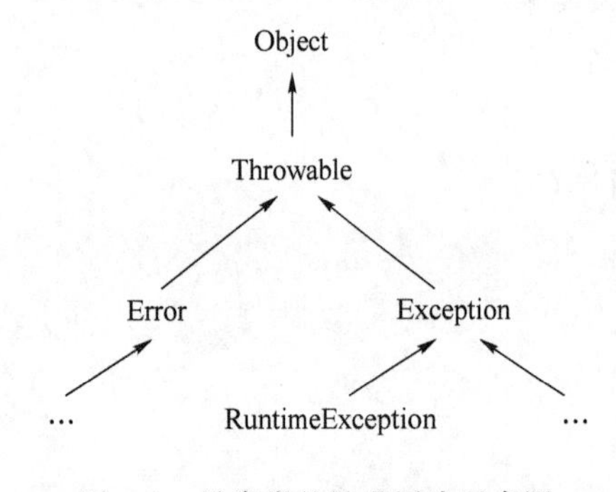

图 6-1　异常类的继承层次示意图

从图 6-1 可以看出，Throwable 类有 2 个子类：一个是 Error，一个是 Exception。通常，程序员自定义的异常类都会继承 Exception 类，而 Exception 类是不允许使用泛型的，也就是说异常类需要非常明确到底是发生了什么样的错误。

Exception 类及其子类主要用于可以检查到的异常(checked)，即可以预计到的错误，并且可以通过一些措施，在代码不终止的情况下修复错误，比如用户输入有误，可以提示用户，让用户重新输入直到输入正确，代码再向下运行。而 RuntimeException、Error 是两种无法检查到的异常(Unchecked),即不可预计,并且无法在程序运行时合理地恢复错误并继续运行的异常,比如程序的逻辑本身就有错误时,是无法恢复的,只能修改错误的代码,再编译运行。

Error 及其子类,定义了一系列虚拟机本身的异常(虚拟机错误),这些异常也是无法恢复的。

6.1.2 异常语法

从语法上来说,Java 设计的异常处理代码用到的关键词非常符合人的思考习惯,如下面代码所示:首先,Java 要求将可能产生异常的代码放在 try 块(try 以及紧跟着的一对花括号称为 try 块)中;然后,当有异常真的发生时,会立刻停止 try 块代码的执行,并跳到包含异常处理代码的 catch 块中;最后,finally 块中的代码无论是否发生异常都会被执行,在 Java 的异常处理语法中,finally 块是可选的。

```
try {
    //可能产生异常的代码
} catch (exception_type1 except1) {
    //负责处理 exception_type1 类异常的代码
} catch (exception_type2 except2) {
    //负责处理 exception_type2 类异常的代码
    ...
} finally {
    //负责清理现场的代码
}
```

从上面代码能够看出,异常处理可以同时有多个 catch 块,catch 块有点像一个方法,它有一个参数,每一个 catch 块通过参数类型声明自己处理的是什么类型的异常。当异常发生时,每个 catch 块会被依次检查,直到遇到匹配的异常类型时,程序执行就会进入这个 catch 块去运行异常处理代码,其他的 catch 块就不会再被执行了。

一个 try 块可以有无数个 catch 块,但必须满足:(1)这些 catch 块所声明捕捉的异常类不同;(2)出现顺序上,处理儿子异常类的 catch 块须在前面,处理父亲异常类的 catch 块要在后面,原因是如果父亲异常类在前面,则异常发生后在寻找匹配的 catch 块时,放在前面的父亲类 catch 块总是被先匹配到,这样后面的更具体的异常类就总也不被匹配到,这样后面的异常处理代码就失去意义了。

在 catch 块中,可以尝试从异常中恢复,如果没办法做处理,也可以选择将异常对象再通过 throw 语句抛出给方法的调用者。

最后,try-catch-finally 代码结构是可以嵌套的,即一个 try 块中可以包含另一个 try-catch 语句。

6.1.3 finally 块

finally 块在 try-catch-finally 语句中无论异常是否发生都会被执行,所以常用来释放代码要用到的资源,比如在 try 块中打开了某个文件,在 finally 块中可以对文件进行关闭,示例如下。

【例 6-1】 异常处理的示例。

在例 6-1 中,考虑到打开文件的代码有可能产生问题,我们将这一句代码放在 try 块中,在 finally 块中对打开的文件进行关闭。

```
public class BufferedReaderWriterDemo {
    private static BufferedReader br = null;
    public static void main(String[] args) {
        try {
            br = new BufferedReader(new FileReader("c://test.txt"));
            //...
        } catch (Exception e) {
            e.printStackTrace();
        } finally {
            if (br ! = null) {
                try {
                    br.close();
                } catch (Exception e2) {
                    e2.printStackTrace();
                }
            }
        }
    }
}
```

6.1.4 throw 语句

Java 中的 try-catch-finally 语句是异常处理的主要形式,除此以外,Java 还提供了 throw 语句用于在有错误发生时,主动抛出异常,throw 语句的语法是:

```
throw expression;
```

这里的 expression 最终要是一个 Throwable 对象的引用。

用 throw 语句抛出异常实际上是由程序员人为控制的,这种异常一般称为同步异常,所谓同步是指,异常可以由人为根据(随着)某个情况发生的同时被抛出。相反的,一个不清楚什么时候会发生的异常称为异步异常,例如虚拟机中发生的错误,这种错误是由于虚拟机中的指令出现问题,而不是程序出现问题,所以根本无法预计错误发生的时间。

6.1.5 throws 语句

程序员在调用一个方法时,能够很方便地知道这个方法可能会发生的异常是非常有用的,Java 通过 throws 语句来实现这一功能,例如:

```
public static void someMethod() throws Exception {
    try {
```

```
        //some code;
    } catch (Exception e) {
        throw e;
    }
}
```

上面代码定义了一个方法,这个方法在方法名字后面加了一个 throws 关键字(由于用在方法后面,而方法相当于第三人称单数,所以 throw 加了 s),并且在关键字后面跟上异常类型(可以是一个,也可以是用逗号隔开的多个)表示这个方法有可能会抛出异常,从而如果有调用者用到这个方法时,编译器会强制要求调用者对 throws 后面声明的异常类型进行处理。

要注意的是一个异常只有在方法中未被捕获时,才必须使用 throws 让调用这个方法的用户来解决。当然你也可以在方法内部做一部分处理,然后继续用 throw 语句抛出,这时方法也要用 throws 指出哪些异常被抛出来了。

由于父类是包含子类的,或者说父类是子类的超类(例如人类是男人类的父类,人类的范围是大于男人类的)所以如果一个方法有多个异常子类要抛出来时,可以用一个父类异常取代,虽然可以这样做,但是由于用了超类,所以子类所包含的有用信息就没有了(调用方法的人知道会抛出人类这个异常,但是不确切知道到底是男人异常,还是女人异常抑或其他),所以,比较好的习惯是尽量用具体的异常类。

由于运行时异常(RuntimeException 类及其子类)是可能随时发生的,而且不一定是代码本身的问题(有可能是虚拟机的问题),所以这类异常不用放在 throws 语句后面。

如果调用一个方法,这个方法通过 throws 语句声明会扔出异常,则有三个选择:(1)捕捉异常并处理它。(2)捕捉到异常,发现无法处理,再将其抛出(这时调用方法本身也要有 throws 的声明)。(3)在调用方法的 throws 语句里加上这个异常,然后在代码中不做任何处理,直接扔出。

【例 6-2】 Throws 用法示例。

在例 6-2 中,程序会随机输出一个算数运算式,要求用户输入正确的结果。如果用户输入结果正确,则显示正确,否则显示错误。对于用户输入的结果,总是先接收为字符串,然后转换为整型数,此时有可能会出现 NumberFormatException 异常。在 checkResult()方法中,对该异常不进行任何处理,直接通过 throws 语句抛出。因此,在调用 checkResult()方法的代码中要进行异常的处理。

```
import java.util.Random;
import java.util.Scanner;

public class ArithmeticDemo {
    private static Random random = new Random();
    private static String[] symbol = new String[] { "+", "-" };
    public static void main(String[] args) {
        int num1 = random.nextInt(10);
        int num2 = random.nextInt(10);
```

```
            int choice = random.nextInt(2);
            System.out.println(num1 + symbol[choice] + num2);
            try {
                checkResult(num1, num2, choice);
            }catch (NumberFormatException e) {
                System.out.println("输入结果非数字!");
            }
        }
    private static void checkResult(int num1, int num2, int choice) throws NumberFormatException{
            Scanner in = new Scanner(System.in);
            String input = in.nextLine();
            int result = Integer.parseInt(input);
            if (choice == 0) {
                if (result == (num1 + num2)) {
                    System.out.println("正确");
                } else {
                    System.out.println("错误");
                }
            } else {
                if (result == (num1 - num2)) {
                    System.out.println("正确");
                } else {
                    System.out.println("错误");
                }
            }
            //关闭 Scanner 资源
            in.close();
        }
    }
```

程序运行两次的结果如图 6-2 所示。

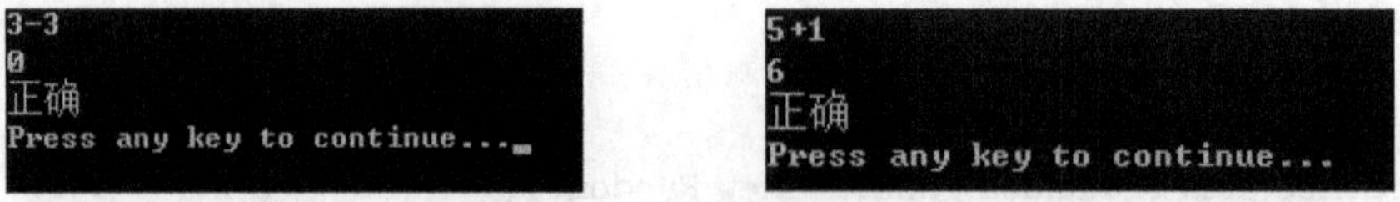

```
3-3
0
正确
Press any key to continue...
```

(a)

```
5+1
6
正确
Press any key to continue...
```

(b)

图 6-2　例 6-2 程序运行结果

6.1.6 throws 语句和方法重写(Override)

如果你重写(override)了从父类继承而来的一个方法，Java 要求子类中 throws 语句声明的异常类型必须和父类中被重写的方法的 throws 异常类型兼容。为什么 Java 有这样的强制要求呢？因为我们知道父类型的引用有可能指向的其实是子类型的对象，如果父类、子类中同样的方法扔出的异常不同，则当代码中用父类型的引用实际调用了子类型对象中的方法时，某些异常就可能未被处理(编译器在检查异常是否被妥善处理的时候只能检查到父类型，至于引用在运行的时候实际指向哪个对象是无法知道的)，为程序失败带来隐患。

【例 6-3】 方法重写下的 throws 语句示例。

```
import java.io.*;
public class throwsTest{
    public static void main (String[] args){
        Animal h = new Horse();
        try{
            h.eat();
        }catch (Exception e){
            System.out.println("caught exception:  " + e.getClass());
        }
    }
}
class Animal{
    public void eat() throws Exception{
        System.out.println ("Animal is eating."); throw new Exception();
    }
}
class Horse extends Animal{
    public void eat() throws IOException{
        System.out.println ("Horse is eating."); throw new IOException();
    }
}
```

在例 6-3 中，Horse 类是 Animal 的派生类，在 Horse 类中重写了父类 Animal 类中的 eat()方法。父类中 eat()方法抛出了 Exception 类异常，而子类重写的方法抛出了 IOException 类异常。程序运行结果如图 6-3 所示。

```
Horse is eating.
caught exception: class java.io.IOException
Press any key to continue...
```

图 6-3 例 6-3 程序运行结果

在例 6-3 中，如果将 Animal 类中的 eat()方法抛出的异常类型与 Horse 类中的 eat()方法抛出的异常类型进行对调，那么会出现如图 6-4 所示的错误。

```
E:\javaExamples>javac throwsTest.java
throwsTest.java:27: 错误: Horse中的eat()无法覆盖Animal中的eat()
        public void eat() throws Exception
                  ^
  被覆盖的方法未抛出Exception
1 个错误
```

图 6-4　错误提示信息

6.1.7　异常链

假设有一个方法 m1 调用了方法 m2，方法 m2 又调用了方法 m3，想象一下，如果方法 m3 发生了异常并且导致方法 m2、方法 m1 因此也产生了异常，这种因为方法的一系列调用，调用链最里层发生异常，然后反过来一级一级发生的一连串异常称为“异常链”，往往在解决这类“异常链”的时候，最里层发生的异常原因是最有价值的，所以“异常链”经常伴随追踪(trace)这个概念，另外如果学习过操作系统课程，就会很熟悉：方法的调用是利用系统“堆栈”实现的，所以“异常链”“堆栈”“跟踪”是这一背景下经常一起出现的概念。

在 c 盘中不存在 test.txt 文件时执行例 6-1 的代码，将会输出如图 6-5 所示结果。

```
java.io.FileNotFoundException: c:\test.txt (系统找不到指定的文件。)
        at java.io.FileInputStream.open(Native Method)
        at java.io.FileInputStream.<init>(FileInputStream.java:146)
        at java.io.FileInputStream.<init>(FileInputStream.java:101)
        at java.io.FileReader.<init>(FileReader.java:58)
        at BufferedReaderWriterDemo.main(BufferedReaderWriterDemo.java:6)
Press any key to continue..._
```

图 6-5　例 6-1 程序运行结果

在例 6-1 中，由于访问了一个不存在的文件(c:\test.txt)而产生了异常链，产生异常的最里层的方法是 java.io.FileInputStream.open()，这个方法是由 main()调用 FileReader 类的构造方法，FileReader 类的构造方法又调用了 FileInputStream 类的构造方法，最后调用 FileInputStream 类的 open()方法发生了异常，然后异常反过来沿着原路径又传回来。只要看清是 open()打开文件时发生了错误，就明白程序错在哪里了。

这些异常链信息是由类型 Throwable 负责记录的，它的构造方法会调用自己的 fillStack-trace()方法将方法调用链上的异常信息(或者堆栈信息)存入异常对象，这些异常信息可以通过调用异常对象的 printStackTrace()方法来打印。

6.1.8　异常使用原则

使用异常的优点是可以统一在某个地方处理异常，同时可以用抽象类型来描述异常，但同时“异常”这一面向对象的功能也不能滥用，有时用多了反而会使代码的可读性降低，所以总体原则是用了后不会降低代码的可读性，同时错误处理更加方便时可以使用异常。

6.2 断言(Assertion)

6.2.1 断言(Assertion)概述

断言(assertion)是 Java 的一个功能,用来检查一个应该始终是真的条件,如果断言被发现是假的,一个 AssertionError 异常就会被抛出。如果一段代码的正确运行是以某种事实为基础的,则每次用断言来验证一下这个事实是否真的已经满足了,是非常有用且高效的开发方法,因为代码由于这个事实不成立而导致的错误总会被很快发现,从而在第一时间引起程序员的注意,最终有利于错误的及时发现与解决。

6.2.2 断言语法

断言语法如下:

assert 逻辑表达式 [:细节信息];

即:assert 关键字后面跟一个逻辑表达式,逻辑表达式最终的值为 true 时,assert 语句没什么反应,如果逻辑表达式的值为 false,程序马上会抛出 AssertionError 异常,并终止运行。方括号中的细节信息表示可有可无,细节信息的值可以是一个字符、布尔值、整数、浮点数、对象,这个值是用来传给 AssertionError 的构造方法,用来提供辅助的详细信息。这个详细信息可以通过 getCause()方法获得。

注意:如果使用的是 Eclipse,默认 assert 是被关闭的,需要在 eclipse 菜单 run 中选择 run configuration,再选择 Arguments,然后在 VM arguments 中填入-enableassertions 打开。下面举个 assert 代码的例子。

```
assert fileName ! = null;
BufferedReader br = new BufferedReader(new FileReader(fileName));
```

上面代码试图打开一个文件,文件名存在 fileName 变量中,在打开之前,用 assert 语句判断 fileName 是否为空。

使用 assertion 功能,需要注意的是:assertion 一般用于开发阶段,当代码发布为产品时,assertion 功能往往是被关闭的(让用户看到程序内部的错误细节信息是没有意义且不合适的),所以 assert 后面的逻辑表达式只能用来判断逻辑表达式是否为 true,而不能加入任何会改变代码行为的内容,否则一旦 assertion 功能关闭,本来运行正常的程序就可能出现错误。

例如下面这句:

```
assert ++i < max;
```

应该分开写成:

```
i++;
assert i < max;
```

6.2.3 断言使用原则

断言一般用来告诉程序员某种正常情况下"不应该发生"的事件发生了,由于是"不应该发生"的事情,所以如果发生,表明程序本身是有问题的,需要改正代码后再运行,所以断言对应于 Error 而非 Exception。

对于程序员能够预料的异常,不应该使用 assertion。

另外,断言常常可以用来验证一个方法调用的前置和后置条件。

小　　结

本章讨论了 Java 异常与断言这两个重要的功能。在 6.1 节中,对异常的概念、语法以及各语句块做了详细的介绍,这其中对于异常在类的继承以及方法的重写方面的要求是难点。6.2 节中介绍了断言的概念、语法以及使用原则,其中断言的使用原则是重点。

本章讨论的内容都与程序的错误处理相关,熟练掌握本章内容对于提高程序开发的效率和质量具有重要的作用。

习　　题

1. 简述什么是 Java 异常类,Java 异常的设计思想是什么。
2. Java 将异常类型细分为哪两种?一种是可以预计并处理的,另一种是无法预计并处理的?
3. Java 中 throw 语句与 throws 语句的区别是什么?子类方法使用 throws 语句有什么要求?
4. 如果要打印整个异常链的信息,应该使用什么方法?
5. 断言可以起什么作用?
6. 断言一般在什么场合下使用?

第7章　文件管理与输入/输出

在实际应用中，很多地方都会涉及对文件的访问和对数据的输入/输出操作，Java类库提供了丰富的用于处理这些问题的类。本章我们将要学习Java中关于文件管理和输入/输出流的相关概念和应用编程接口：首先介绍了能够获取磁盘中文件或目录信息的File类的用法；接着介绍了流的相关概念以及讨论如何使用字节流和字符流实现二进制数据和文本数据的输入/输出；最后介绍了ZIP文件的读写方法并且展示了对象序列化机制。

本章学习目标：

1. 掌握文件和目录的基本操作和访问方法。
2. 理解Java中字节流和字符流的概念，熟悉I/O流类库中提供的常用流类。
3. 掌握如何对标准输入/输出设备进行数据的读写。
4. 能够使用I/O流类库对二进制数据和文本数据进行读写操作。
5. 基本理解对象序列化的概念和作用以及掌握如何利用对象序列化控制输入/输出。

7.1　File类

本节主要介绍了如何使用java.io包中的File类来进行对文件和目录的创建和操作。通常情况下，我们将文件和目录都统称为文件，但有的时候文件是指普通文件，目录是指目录文件。

File类是文件和目录路径名的抽象表示形式，其呈现了分层路径名的一个抽象的、与系统无关的视图。File类提供了如下几种常用的构造方法：

- public File(String pathname)

//根据给定路径名字符串pathname转换为抽象路径名来创建一个新的File对象。

- public File(String parent, String child)

//根据路径名字符串parent和路径名字符串child创建一个新的File对象。

- publicFile(File parent, String child)

//根据抽象路径名parent和路径名字符串child创建一个新的File对象。

无论是抽象路径名还是路径名字符串，都可以是绝对路径名或相对路径名。绝对路径名是从根目录开始的完整路径名，不需要任何其他信息就可以定位它所表示的文件或目录。相反，相对路径名必须使用取自其他路径名的信息进行解释。默认情况下，java.io包中的类总是根据当前用户目录来解析相对路径名。

例如，我们可以采用如下的方式利用绝对路径名来构造File对象：

```
File file = new File("d:\\java\\project\\data.txt");
```

其等价于如下的采用相对路径名的构造方式(假设当前用户目录为“d:\\java”):

```
File file = new File("project\\data.txt");
```

File类提供了一系列的方法函数和属性值来进行文件和目录的操作,其提供的字段如下。

• public static final char separatorChar:返回默认名称分隔符,即目录之间的分隔符号。

• public static final String separator:返回默认名称分隔符,为了方便,它被表示为一个字符串。此字符串只包含一个字符,即 separatorChar。

• public static final char pathSeparatorChar:返回路径分隔符。

• public static final String pathSeparator:返回路径分隔符,为了方便,它被表示为一个字符串。此字符串只包含一个字符,即 pathSeparatorChar。

值得注意的是,这里的默认名称分隔符和路径分隔符是与系统紧密相关的。在 UNIX 系统下,默认名称分隔符的值为'/',路径分隔符的值为':';而在 Microsoft Windows 系统下,默认名称分隔符的值为'\\',路径分隔符的值为';'。

此外,File类还提供了如下一些常用方法。

• boolean createNewFile():当且仅当不存在具有此抽象路径名指定名称的文件时创建一个新的空文件。如果指定的文件不存在并成功地创建,则返回 true;如果指定的文件已经存在,则返回 false。

• boolean delete():删除此抽象路径名表示的文件或目录。如果此路径名表示一个目录,则该目录必须为空才能删除。删除成功返回 true,否则返回 false。

• String getName():返回文件名(不包含路径)。

• String getParent():返回父路径,即文件所在的目录名称。

• String getPath():返回文件的路径。

• String getAbsolutePath():返回绝对路径。

• long lastModified():返回文件的最后修改时间。

• long length():返回文件长度。

• boolean canRead():文件可读性判定。

• boolean canWrite():文件可写性判定。

• boolean exists():文件存在性判定。

• boolean isAbsolute():相对与绝对路径判定。

• boolean isDirectory():目录文件判定。

• boolean isFile():普通文件判定。

• boolean isHidden():文件隐藏属性判定。

• boolean mkdir():创建此抽象路径名指定的目录,若创建成功返回 true;否则返回 false。

• boolean mkdirs():创建此抽象路径名指定的目录,包括所有必需但不存在的父目录。

• boolean renameTo(File dest):重新命名此抽象路径名表示的文件,若重命名成功返回 true;否则返回 false。

• String[] list():若当前对象代表目录,则返回一个字符串数组,每个数组元素对应目录中的每个文件或目录;否则返回 null。

• File[] listFiles():若当前对象代表目录,则返回一个 File 对象数组,每个数组元素对应目录中的每个文件或目录;否则返回 null。

下面，我们将用一个实例来说明这些常见方法的使用方式。

【例 7-1】 文件的基本操作。

```
import java.io.File;
public class Fileproperty {
    //File 类使用示例
    public static void main(String[] args) {
        //创建 File 对象
        File newfile = new File("d:\\javatest\\javatest.txt");
        //假设 file.txt 文件在目录"d:\\"中已经存在
        File creatfile = new File("d:\\file.txt");
        //判断文件是否存在
        if(newfile.exists() == true)
            System.out.println("newfile 文件存在");
        else{
            System.out.println("文件不存在");
            try { //创建文件
                newfile.createNewFile();
            } catch (Exception e) { }
        }
        //获得文件的绝对路径
        System.out.println("newfile 绝对路径是" + newfile.getAbsolutePath());
        //获得文件名
        System.out.println("newfile 文件的名字是" + newfile.getName());
        //获得父路径
        System.out.println("newfile 文件的父路径是" + newfile.getParent());
        //判断是否是目录
        if(newfile.isDirectory() == true)
            System.out.println("newfile 是一个目录");
        else
            System.out.println("newfile 不是一个目录");
        //获得文件长度
        System.out.println("newfile 文件的长度是" + creatfile.length());
        //根据 mkdirs 方法的返回值来判断要创建的文件夹是否存在，如果不存在则创建
        File filefolder = new File("d:\\javatest\\abc");
        if(filefolder.exists() == true)
            System.out.println("文件已经存在");
        else{
            boolean iscreat = filefolder.mkdirs();
```

```
            if(iscreat == true)
                System.out.println("filefolder 创建成功");
            else
                System.out.println("filefolder 创建未成功");
        }
        //修改文件名
        File renamefile = new File("d:\\javatest","renametest.txt");
        if(renamefile.exists() == true)
            System.out.println("文件已经存在,重命名失败");
        else{
            boolean renamenot = newfile.renameTo(renamefile);
            if(renamenot == true)
                System.out.println("newfile 被重命名成功");
            else
                System.out.println("newfile 被重命名失败");
        }
    }
}
```

在例 7-1 中,当执行 newfile 对象的 createNewFile()方法时,其抽象路径名"d:\\javatest\\javatest.txt"所指的文件能否创建成功的一个前提是该抽象路径名的父路径(即"d:\\javatest")所指的目录必须实际存在;否则将无法创建文件。在本例中,我们假设目录"d:\\javatest"在本地机器中已经存在,因此 newfile.createNewFile()的执行能够在目录"d:\\javatest"下生成一个名为"javatest.txt"的空文件。值得注意的是,由于 createNewFile()方法会抛出 IOException 类型的异常,因此需要使用异常处理程序进行捕获。本例中都是使用绝对路径来构造 File 对象,若是我们采用相对路径的方式,例如:

```
File newfile = new File("javatest\\javatest.txt");
```

假设当前工作目录设为"d:\\java\\project",则 newfile.getAbsolutePath()将会返回字符串"d:\\java\\project\\javatest\\javatest.txt"。

在例 7-1 的程序运行后,本地机器的目录"d:\\javatest"下会产生一个名为"abc"的空目录和一个名为"javatest.txt"的空文件,文件"file.txt"将会从 d 盘下移到目录"d:\\javatest"下并且被重命名为"renametest.txt",同时在屏幕中将会打印出输出信息,具体如图 7-1 所示。

```
文件不存在
newfile绝对路径是d:\javatest\javatest.txt
newfile文件的名字是javatest.txt
newfile文件的父路径是d:\javatest
newfile不是一个目录
newfile文件的长度是0
filefolder创建成功
newfile被重命名成功
Press any key to continue...
```

图 7-1　例 7-1 程序运行结果

7.2 流

本节概述了输入/输出流的基本概念以及流类库中的常用字节流类，重点阐述了流过滤机制，并且讨论了如何对标准输入/输出设备进行数据的读写。

在 Java 中，通常将各种类型的输入源和输出目标抽象为流(Stream)，其中能够从输入源中读取字节序列的对象称为输入流(Input Stream)，而能够向输出目标写入字节序列的对象称为输出流(Output Stream)。这些输入源和输出目标可以是文件，也可以是一些输入/输出设备，例如键盘(标准输入)和控制台(标准输出)，甚至是内存块和网络连接。输入/输出流可以支持各种类型的数据，包括原生字节数据、基本数据类型的数据、本地化字符以及对象。

Java 支持两种类型的流：字节流和字符流。字节流主要应用于对原生字节的读写，例如图像文件、音频文件、对象等，其在 Java API 中是由抽象类 InputStream 和 OutputStream 的子类实现的，这些特定的子类能够对这一类流分别提供特定的功能支持；字符流主要应用于对 Unicode 字符的读写，例如文本文件和其他一些基于字符的流等，其在 Java API 中是由抽象类 Reader 和 Writer 的子类实现的。

通常情况下，术语“流”被用于指代字节流。在本节中我们将主要讨论字节流的使用，关于字符流的使用将会在 7.4 节中介绍。

7.2.1 读写字节

Java 中定义 InputStream 类为所有字节输入流类的父类，OutputStream 类为所有字节输出流类的父类。由于它们都是抽象类，不能直接创建对象，因此我们可以通过创建其子类的对象来进行字节的读写操作。InputStream 和 OutputStream 类提供了丰富的方法，下面将对这些方法进行说明。

InputStream 类中声明的主要方法如下。

- abstract int read()：读取一个字节，返回读取的字节，在遇到输入源结尾时返回－1。
- int read(byte[] b)：读取最多 b.length 个字节放置于数组 b 中，返回实际读取的字节数，在遇到输入源结尾时返回－1。
- int read(byte[] b, int off, int len)：读取指定数量的字节放置于数组的指定位置，返回实际读取的字节数，在遇到输入源结尾时返回－1。
- int available()：返回可读字节数。
- void close()：关闭流。
- void mark(int readlimit)：在当前位置做标记，可以使用 reset 定位。
- boolean markSupported()：判定是否支持标记。
- void reset()：返回到最后一个标记位置，随后对 read()用将会重新读取这些字节。
- long skip(long n)：跳过指定字节到新的位置，返回实际跳过的字节数。

OutputStream 类中声明的主要方法如下。

- abstract void write(int b)：写出一个字节到流。
- void write(byte[] b)：写出指定字节数组中所有数据到流。

• void write(byte[] b, int off, int len):写出字节数组中指定位置与长度的数据到流。

• void close():关闭流。

• void flush():强制缓冲区中的数据写出。

值得注意的是,read()和 write()方法在读取和写出数据时都会抛出 IOException 异常,因此使用时需要进行异常处理。通过观察上述的方法列表发现,只有方法 read()和方法 write(int b)是抽象方法,而其他的都是非抽象方法,这些非抽象方法的实现都要调用抽象的 read()和 write()方法,因此,InputStream 和 OutputStream 类的子类只需要覆盖这两个抽象方法即可。InputStream 和 OutputStream 类都实现了 Closeable 接口,该接口包含了一个会抛出 IOException 异常的 close()方法。当流的读写完成时,就可以调用 close()方法关闭流,此调用会释放掉与该流关联的所有系统资源,关闭一个输出流的同时将会自动冲刷该输出流缓冲区中的数据。此外,OutputStream 类还实现了 Flushable 接口,该接口只包含了一个会抛出 IOException 异常的 flush()方法,此方法的调用可以人为地冲刷该输出流缓冲区中的数据。

对于字节的读操作通常都是由 InputStream 类的子类对象实现的。InputStream 类的常见子类如下所示。

• AudioInputStream:用于将音频转换为输入流。

• ByteArrayInputStream:用于把字节数组转化为输入流。

• FileInputStream:用于把文件转化为流。

• FilterInputStream:用于把输入流转化为有特殊处理功能的流。

• ObjectInputStream:从输入流中读取 Java 对象。

• PipedInputStream:用于把其他输出流转化为管道流。

• SequenceInputStream:用于把多个输入流顺序地连接在一起。

• StringBufferInputStream:用于把字符串转化为流。

对于字节的写操作通常都是由 OutputStream 类的子类对象实现的。OutputStream 类的常见子类如下所示。

• ByteArrayOutputStream:把数据流写入字节数组。

• FileOutputStream:把数据流写入文件。

• FilterOutputStream:对其他输出流进行特殊处理。

• ObjectOutputStream:把对象写到输出流中。

• PipedOutputStream:把数据写往一个管道输出流。

下面,我们主要介绍用于磁盘文件中字节数据读写的两个类:FileInputStream 和 FileOutputStream。

FileInputStream 是输入源为文件的输入流,其可以通过如下的方式构造对象:

```
FileInputStream fis = new FileInputStream("d:\\java\\project\\data.txt");
```

或

```
File file = new File("d:\\java\\project\\data.txt");
FileInputStream fis = new FileInputStream(file);
```

FileInputStream 类用于从文件(输入源)中读取数据,因此文件(输入源)必须存在,否则将会产生异常 FileNotFoundException。

FileOutputStream 是输出目标为文件的输出流，其提供了如下几种常用的构造方法：

- public FileOutputStream(String name)
- public FileOutputStream(File file)
- public FileOutputStream(String name, boolean append)
- public FileOutputStream(File file, boolean append)

我们可以看到，FileOutputStream 类比 FileInputStream 类多了两个添加了 append 参数的构造方法，该布尔型参数主要是用于定义向文件新写入的数据是否覆盖原数据。若文件存在且 append 为真，则新写入的数据将追加在原数据之后；若 append 为假，则新数据将覆盖原来的数据。对于没有 append 参数的构造方法，则默认 append 值为 false。

【例 7-2】 基于字节流的顺序文件读写。

```
import java.io.FileInputStream;
import java.io.FileOutputStream;
import java.io.FileNotFoundException;
import java.io.IOException;
public class FileIO {
    public static void main(String[] args) {
        byte[] b = new byte[10];
        try {
            FileInputStream fis = new FileInputStream("d:\\input.dat");
            FileOutputStream fos = new FileOutputStream("d:\\output.dat");
            //打印出能从输入文件中读取的估计剩余字节数
            System.out.println("Bytes available:" + fis.available());
            int count = 0;  int read = 0;
            while ((read = fis.read(b))! = -1) {
                fos.write(b,0,read);   //将 b[0]……b[read - 1]中的数据写入输
                                         出流 fos
                count += read;
            }
            fis.close();  //关闭文件输入流
            fos.close();  //关闭文件输出流
            //打印出从输入文件复制到输出文件的字节数
            System.out.println("Wrote:" + count);
        } catch (FileNotFoundException f) {
            System.out.println("File not found:" + f);
        } catch (IOException e) {
            System.out.println("IOException:" + e);
        }
    }
}
```

例 7-2 的程序实现了文件内容的复制。假设在 d 盘下存在一个名为“input.dat”的文件和一个名为“output.dat”的空文件，其中文件“input.dat”中的内容为“This is a java example for file input & output."，此程序执行后会将文件"input.dat"中的内容复制到文件"output.dat"中，并且在屏幕上打印信息如图 7-2 所示。

```
Bytes available:47
Wrote:47
Press any key to continue...
```

图 7-2　例 7-2 程序运行结果

7.2.2　流过滤

在 Java 的 InputStream 与 OutputStream 系列类设计中，采用了流过滤机制。所谓过滤机制就是对流的处理在设计上使用不同的类来负责不同的处理，处理的流使用构造器传递给处理类。这种设计方式的典型特点是：流过滤类位于已存在的基础输入/输出流（例如 FileInputStream 类和 FileOutputStream 类）之上，它们将已存在的输入/输出流作为其基本数据接收器（即构造器中都有一个 InputStream 或者 OutputStream 类型的参数），但可能直接传输数据或提供一些额外的功能。

Java 中的过滤字节流是由类 FilterInputStream 和 FilterOutputStream 提供，但是这两个类只是简单地重写那些将所有请求传递给所包含输入/输出流的 InputStream 和 OutputStream 的所有方法。FilterInputStream 和 FilterOutputStream 的子类可进一步地重写这些方法中的一些方法，并且还可以提供一些额外的方法和字段。

例如，BufferedInputStream 和 BufferedOutputStream 分别是类 FilterInputStream 和 FilterOutputStream 的子类，它们是带缓冲功能的两个过滤字节流，其构造方法中都包含了一个 InputStream 或者 OutputStream 类型的参数。我们可以发现，正如 FileInputStream 和 FileOutputStream 类没有任何可以对数据进行缓冲的功能一样，BufferedInputStream 和 BufferedOutputStream 类也没有任何可以从文件里读写数据的功能，因此，要想实现对文件的带缓冲机制的读写，就需要将这两种流通过如下的方式关联起来：

```
FileInputStream fis = new FileInputStream("d:\\input.txt");
FileOutputStream fos = new FileOutputStream("d:\\output.txt");
BufferedInputStream bis = new BufferedInputStream(fis);
BufferedOutputStream bos = new BufferedOutputStream(fos);
```

在上例中，我们首先创建了一个 FileInputStream 类的对象 fis，然后将其传递给 BufferedInputStream 类的构造方法来创建对象 bis，同样的方式可以创建 BufferedOutputStream 类的对象 bos。不同于对 fis 调用 read()方法，对 bis 调用 read()会首先检查该输入流的缓冲区是否有未读数据，若是，将会直接从缓冲区中读取并返回下一个字节，否则，从文件中读取默认大小的数据块到缓冲区中缓存并返回当前第一个字节值。对 bos 调用 write(int b)方法会将字节 b 写入到输出流的缓冲区中，只有当缓冲区满时才会将数据真正地送到输出流，但我们也可以使用 bos 对象的 flush()方法人为地冲刷缓冲区，从而将当前缓冲区中的字节数据写入文件。显然，使用带缓冲功能的过滤流能够使得 I/O 操作变得更加高效。

DataInputStream 和 DataOutputStream 也是常用的一组过滤字节流，其主要提供了读写基本数据类型的功能，当用户需要实现以缓冲的方式向一个文件写入基本数据类型时，就可以将 DataOutputStream、BufferedOutputStream 和 FileOutputStream 三种流进行关联。下面我们以 DataOutputStream 为例来说明使用流过滤的一般思路（注意其中一些流的构造器和方法会抛出异常）：

(1) 将输入源或输出目标转换为来源流或目标流。

```
FileOutputStreamfos = new FileOutputStream("d:\\data.dat");      //目标流
```

(2) 确定对流的操作后,选择负责这些操作的流。例如,如果需要将一些基本类型的数据(诸如"Louis 18 100.00")写入流,则选择提供此功能的 DataOutputStream 操作流;如果需要将这些基本类型数据从流中读取出来,则选择提供此功能的 DataInputStream 操作流;如果需要数据以缓冲机制进行读写,则选择提供此功能的 BufferedOutputStream 或 BufferedInputStream 操作流。

(3) 通过流的过滤机制,把来源流或目标流与用户需要的操作流关联起来。

```
DataOutputStream dos = new DataOutputStream (new BufferedOutputStream (fos));
```

(4) 通过对需要的流进行操作,以获得关联的各个操作流所提供的功能。例如,对 dos 对象调用 writeInt()方法能够实现对目标流进行带有缓冲机制的整数数值写入的功能,即将 int 类型的数据写入 BufferedOutputStream 流的缓冲区中。

```
dos.writeUTF("Louis");
dos.writeInt(18);
dos.writeFloat(100.00);
```

(5) 关闭流。例如,对 dos 对象调用 close()方法会导致其关联的所有流都关闭,同时自动冲刷了缓冲区中的数据到目标流。

```
dos.close();
```

我们可以看到,Java 提供的流过滤机制让我们能够很灵活地将多个具有不同功能的操作流进行组合以达到特定的输入输出目的。在后面的章节中将会有更多的示例来展现关于流过滤机制的使用。

7.2.3 标准输入与输出流

为了使用的方便,java.lang 包中的 System 类提供了三个静态实例域 in、out 和 err 来实现对标准输入/输出的处理。标准输入流对象 System.in 是 InputStream 子类的实例对象,用于从标准输入设备(通常是键盘)中读取数据。标准输出流对象 System.out 和标准错误流对象 System.err 都是 PrintStream 类的实例对象,分别用于向标准输出设备(通常是显示器)写出数据和错误信息。

- static InputStream in;   //标准输入流。此流已打开并准备提供输入数据。
- static PrintStream out;   //标准输出流。此流已打开并准备接受输出数据。
- static PrintStream err;   //标准错误输出流。此流已打开并准备接受输出数据。

System 类中还提供了 setIn()、setOut()和 setErr()方法用于对标准输入流、标准输出流和标准错误输出流进行重新分配。

【例 7-3】 标准输入/输出流的操作。

```
import java.io.IOException;
public class StandardIO {
    public static void main(String[] args) {
        try {
            byte[] b = new byte[20];
            System.out.print("Please enter the words: ");
            System.in.read(b);
```

```
            String s = new String(b);
            System.out.print("You entered: ");
            System.out.println(s);
        } catch (IOException e) {
            System.out.println(e);
        }
    }
}
```

例 7-3 通过调用 System.in 对象的 read(byte[] b)方法先对从键盘中输入的字符串使用平台默认的字符集进行编码，然后将编码后的字节置于字节数组 b 中，再以构造方法 String (byte[] b)的方式对字节数组 b 使用平台默认的字符集进行解码，从而构造一个新的字符串对象 s，最后通过 System.out 对象的 println()方法将该字符串在屏幕上打印出来。程序的运行结果如图 7-3 所示。

```
Please enter the words: hello java
You entered: hello java

Press any key to continue...
```

图 7-3　例 7-3 程序运行结果

7.3　二进制数据读写

本节首先介绍了提供二进制数据读写方法的 DataInput 和 DataOutput 接口，然后分别阐述了实现该接口的几种常见类：支持顺序访问的 DataInputStream、DataOutputStream 类，以及支持随机访问的 RandomAccessFile 类。

在 Java 中，DataInput 和 DataOutput 接口定义了以二进制格式读写基本类型数据的规范。DataOutput 接口用于将数据从任意 Java 基本类型转换为一系列字节，并将这些字节写入二进制流，其中包含的常用方法如下：

- void writeBoolean(boolean v)
- void writeChar(int v)
- void writeChars(String s)
- void writeByte(int v)
- void writeShort(int v)
- void writeInt(int v)
- void writeLong(long v)
- void writeFloat(float v)
- void writeDouble(double v)

以上这些方法都用于以固定空间大小写出基本数据类型的数据，例如，writeInt()方法总是将一个整数写出为 4 字节的二进制数，writeDouble()方法总是将一个 double 类型的数写出为 8 字节的二进制数，writeChar()方法总是将一个字符写出为表示该字符的 2 字节的 Unicode 码值。除了这些方法外，DataOutput 接口还提供了如下一个特殊的方法：

```
void writeUTF(String str);
```

该方法使用修改后的 UTF-8 编码将一个字符串写入目标输出流，调用该方法时会先将表示长度信息的两个字节写入输出流，后跟字符串 str 中每个字符的 UTF-8 修改版表示形式。

DataInput 接口用于从二进制流中读取字节，并根据所有 Java 基本类型数据进行重构，其中包含的常用方法如下：

- boolean readBoolean()
- char readChar()
- byte readByte()
- short readShort()
- int readInt()
- long readLong()
- float readFloat()
- double readDouble()
- void readFully(byte[] b)
- void readFully(byte[] b, int off, int len)

以上这些方法都用于以固定空间大小读入基本数据类型的数据。除了这些方法外，DataOutput 接口还提供了如下的特殊方法：

```
String readLine();  //从输入流中读取下一文本行
```

该方法读取连续的字节，将每个字节分别转换成一个字符，然后以 String 形式返回读取的字符。

```
String readUTF();  //读入一个已使用 UTF-8 修改版格式编码的字符串。
```

接下来，我们将介绍几种常见的实现了 DataInput 和 DataOutput 接口的类。

7.3.1 DataOutputStream 类与 DataInputStream 类

DataOutputStream 类和 DataInputStream 类主要用于对输入流或输出目标中数据的顺序访问，其分别实现了 DataOutput 和 DataInput 接口。正如 7.2.2 节所述，DataOutputStream 类和 DataInputStream 类都属于过滤流，只有通过与指定的目标流和来源流相关联的方式创建其对象。下面我们将用一个实例来说明这两个类的使用。

【例 7-4】 二进制数据的顺序访问。

```
import java.io.*;
public class DataIO {
    public static void writeMethod() {
        String fileName = "d:\\data.dat";
        try{
            DataOutputStream dos = new DataOutputStream(new BufferedOutputStream(
                                new FileOutputStream(fileName)));
            dos.writeInt(10);
            System.out.println(dos.size() + " bytes have been written.");
            dos.writeDouble(31.2);
            System.out.println(dos.size() + " bytes have been written.");
            dos.writeBoolean(true);
```

```
            System.out.println(dos.size() + " bytes have been written.");
            dos.writeUTF("你好,java!");
            System.out.println(dos.size() + " bytes have been written.");
            dos.close();
        } catch (Exception e) {
            e.printStackTrace();
        }
    }
    public static void readMethod() {
        String fileName = "d:\\data.dat";
        try{
            DataInputStream dis = new DataInputStream(
                                new BufferedInputStream(
                                new FileInputStream(fileName)));
            System.out.println("output: " + dis.readInt());
            System.out.println("output: " + dis.readDouble());
            System.out.println("output: " + dis.readBoolean());
            System.out.println("output: " + dis.readUTF());
            dis.close();
        } catch (Exception e)
        {
            e.printStackTrace();
        }
    }
    public static void main(String[] args) {
        writeMethod();
        readMethod();
    }
}
```

在例 7-4 中,我们采用流过滤的方式创建 DataOutputStream 和 DataInputStream 对象,并且通过调用 DataOutput 和 DataInput 接口中定义的方法进行基本类型数据的读写。调用 dos.size()将会返回到目前为止写入此数据输出流的字节数,程序运行结果如图 7-4 所示。

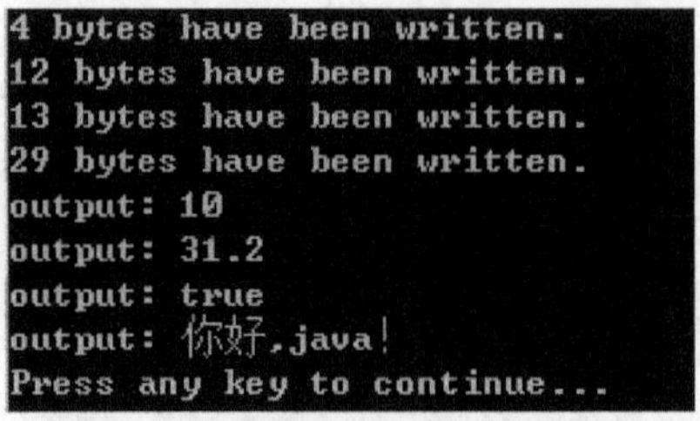

```
4 bytes have been written.
12 bytes have been written.
13 bytes have been written.
29 bytes have been written.
output: 10
output: 31.2
output: true
output: 你好,java!
Press any key to continue...
```

图 7-4　例 7-4 程序运行结果

7.3.2 RandomAccessFile 类

RandomAccessFile 类主要用于对随机访问文件的读取和写入。所谓随机访问，是指可以对文件中任意位置的数据进行读写。为了能够随机访问，必须先创建对象，RandomAccessFile 类提供了两种类型的构造方法：

- RandomAccessFile(File file, String mode);

  //创建从中读取或向其中写入的随机访问文件流，该文件由 File 参数指定。
- RandomAccessFile(String name, String mode);

  //创建从中读取或向其中写入的随机访问文件流，该文件具有指定名称。

其中的 mode 参数指定用以打开文件的访问模式，共包括 4 种："r""rw""rws""rwd"。模式"r"表示以只读方式打开，其余 3 种都是以读/写方式打开。RandomAccessFile 类实现了 DataOutput 和 DataInput 接口，因此可以提供对基本类型数据的读写功能。除此以外，该类还包含了以下的一些常见功能：

- long getFilePointer();　　//返回文件指针的当前位置。
- long length();　　//返回以字节为单位的文件长度。
- void seek(long pos);　　//将文件指针移到距文件开头 pos 个字节处。

随机访问文件有一个表示下个将被读入或写出的字节所处位置的文件指针，通过调用 seek 方法可以将这个文件指针设置到文件中的任意位置，从而实现对文件的随机访问。同样，我们采用一个实例对该类的使用进行说明。

【例 7-5】 二进制数据的随机访问。

```
import java.io.IOException;
import java.io.RandomAccessFile;
public class RandomIO {
    public static void main(String[] args) {
        RandomAccessFile randomfile = null;
        try {
            //以读/写方式打开一个 RandomAccessFile 对象
            randomfile = new RandomAccessFile("d://data.dat","rw");
            randomfile.writeInt(10);
            randomfile.writeInt(20);
            //获取 RandomAccessFile 对象文件当前指针的位置，初始位置为 0
            System.out.println("当前指针位置:" + randomfile.getFilePointer());
            //将文件记录指针移到文件开头，即第一个整数的起始处
            randomfile.seek(0);
            System.out.println("第一个整数:" + randomfile.readInt());
            //将文件记录指针移到文件末尾，写入整数 30
            randomfile.seek(randomfile.length());
            randomfile.writeInt(30);
            //将文件记录指针移到距文件开头 4 个字节处，即第二个整数的起始处
            randomfile.seek(4);
```

```
            System.out.println("第二个整数:" + randomfile.readInt());
            //将文件记录指针移到距文件开头8个字节处,即第三个整数的起始处
            randomfile.seek(8);
            System.out.println("第三个整数:" + randomfile.readInt());
            randomfile.close();
        } catch(IOException ex) {
            ex.printStackTrace();
        }
    }
}
```

程序运行的结果如图 7-5 所示。

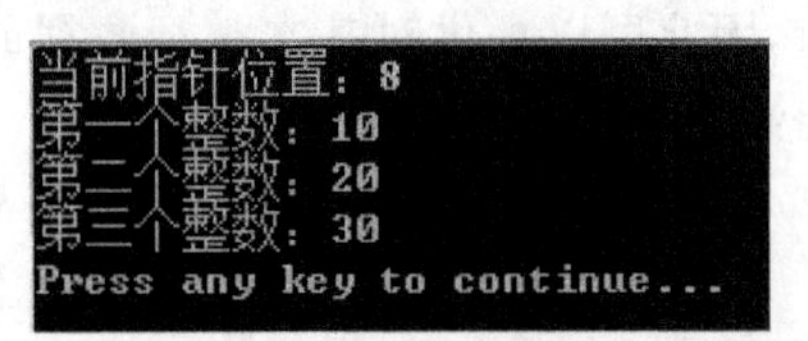

图 7-5　例 7-5 程序运行结果

7.4　文本数据读写

本节概述了字符流的基本概念,并且介绍了流类库中的常见字符流类,重点阐述了 PrintWriter、BufferedReader、Scanner 等类的使用。

当存储数据时,可以选择以二进制格式或文本格式存储。二进制格式把数据按本来格式按字节按位存放,而文本格式把数据先转换为字符,然后再按照二进制存放。例如我们需要将数值 200 写入文件,若采用二进制格式,则先将 int 型数值 200 转换成 4 个字节的二进制数,再将这 4 个字节依次写入文件;若采用文本格式,则先将 200 转换为'2''0''0'这 3 个字符,再把每个字符分别转换为 2 字节的二进制存放,这样共需要 6 字节。尽管二进制格式的读写很高效,但是却不适宜人阅读。7.3 节中我们介绍了相关二进制数据的读写,本节我们将介绍如何进行文本数据的读写。

Java 中定义 Reader 类为所有字符输入流类的父类,Writer 类为所有字符输出流类的父类。由于它们都是抽象类,不能直接创建对象,因此我们可以通过创建其子类的对象来进行 Unicode 文本的读写操作。Reader 和 Writer 类中的基本方法与 InputStream 和 OutputStream 类中的方法类似。

Writer 类中声明的主要方法如下。

- void write(int b):写入单个字符。
- void write(char[] cbuf):写入字符数组。
- abstract void write(char[] cbuf, int off, int len):写入字符数组的某一部分。
- void write(String str):写入字符串。
- void write(String str, int off, int len):写入字符串的某一部分。

- abstract void flush()：刷新该流的缓冲。
- abstract void close()：关闭此流。

Reader 类中声明的主要方法如下：

- int read()：读取单个字符，返回读取的字符，在遇到输入源结尾时返回－1。
- int read(char[] cbuf)：将字符读入数组，返回读取的字符数，在遇到输入源结尾时返回－1。
- abstract int read(char[] cbuf, int off, int len)：将字符读入数组的某一部分，返回读取的字符数，在遇到输入源结尾时返回－1。
- abstract void close()：关闭该流并释放与之关联的所有资源。
- void mark(int readAheadLimit)：在当前位置做标记，可以使用 reset 定位。
- boolean markSupported()：判定是否支持标记。
- void reset()：返回到最后一个标记位置，随后对 read()的调用将会重新读取这些字符。
- long skip(long n)：跳过指定数量字符到新的位置，返回实际跳过的字符数。

7.4.1 写文本数据

对于字符的写操作通常都是由 Writer 类的子类对象实现的。Writer 类的常见子类如下所示。

- BufferedWriter：字符缓冲流。
- CharArrayWriter：字符数组转换为字符流。
- FilterWriter：把其他字符流转换为另外一种字符流。
- OutputStreamWriter：把二进制流转换为字符流。
- PipedWriter：把管道字符流转换为字符流。
- StringWriter：把字符串转换为字符流。
- FileWriter：把文件转换为字符流。
- PrintWriter：把文件、二进制流、字符流转换为字符流。

这里，我们主要介绍以下几种常见的子类：OutputStreamWriter、FileWriter、BufferedWriter 和 PrintWriter。同字节流一样，这些子类通常也采用流过滤的方式创建对象。

OutputStreamWriter 是字符流通向字节流的桥梁，可使用指定的字符集将要写入流中的字符编码成字节。它使用的字符集可以由名称指定或显式给定，否则将接受平台默认的字符集。其常用的构造方法如下：

- public OutputStreamWriter(OutputStream out)
- public OutputStreamWriter(OutputStream out, Charset cs)
- public OutputStreamWriter(OutputStream out, String charsetName)

第 1 个构造方法使用平台默认的字符集进行编码(例如对于简体中文版的 Windows 通常对应的默认字符集为“GBK”)，后 2 个构造方法所使用的字符集则由名称指定或 Charset 对象显式给定。

FileWriter 类是 OutputStreamWriter 类的子类，是用来写入字符文件的便捷类，此类的构造方法假定使用的是平台默认字符编码。若要自己指定字符编码方式，则可以采用在一个 FileOutputStream 对象上构造一个 OutputStreamWriter 对象的方式。

FileWriter 类的常用构造方法如下：

• public FileWriter(String name)
• public FileWriter(File file)
• public FileWriter(String name, boolean append)
• public FileWriter(File file, boolean append)

与 FileOutputStream 类的构造方法类似,append 参数主要是用于定义向文件新写入的数据是追加在原数据之后还是覆盖原数据。

对于 OutputStreamWriter 对象而言,每次调用 write()方法都会导致在给定字符上调用编码转换器。在写入底层输出流之前,得到的这些字节将在缓冲区中累积。注意,传递给 write()方法的字符并没有缓冲。为了获得更高的效率,可考虑将 OutputStreamWriter 包装到 BufferedWriter 类中,以避免频繁调用转换器。例如,

```
BufferedWriter bw = new BufferedWriter (new OutputStreamWriter (System.out));
```

BufferedWriter 类主要使用 write()方法将文本写入字符输出流,缓冲各个字符(可以指定缓冲区大小,或者接受默认大小),从而提供单个字符、数组和字符串的高效写入。该类与 BufferedOutputStream 有类似的构造器和方法,不同的是,该类提供了一个 newLine()方法用于写入一个行分隔符。例如,执行下面的语句屏幕上会在第 1 行显示“你”,第 2 行显示“好”。

```
bw.write('你');
bw.newLine();
bw.write('好');
bw.close();
```

PrintWriter 类用于将各种基本类型的数据以文本格式输出到字符流中,并提供自动刷新功能,其常用的构造方法包括:

• public PrintWriter(File file):使用指定文件创建不带自动刷新的新对象。

• public PrintWriter(File file, String csn):创建具有指定文件和字符集不带自动刷新的新对象。

• public PrintWriter(OutputStream out):根据现有的 OutputStream 创建不带自动刷新的新对象。

• public PrintWriter(OutputStream out, boolean autoFlush):通过现有的 OutputStream 创建新的 PrintWriter 对象,若 autoFlush 为 true,则 println、printf 或 format 方法将刷新输出缓冲区。

• public PrintWriter(String fileName):创建具有指定文件名称且不带自动刷新的新对象。

• public PrintWriter(String fileName, String csn):创建具有指定文件名称和字符集且不带自动刷新的新对象。

• public PrintWriter(Writer out):创建不带自动刷新的新对象。

• public PrintWriter(Writer out, boolean autoFlush):创建新对象,若 autoFlush 为 true,则 println、printf 或 format 方法将刷新输出缓冲区。

PrintWriter 类是带缓冲区的,但是通过构造方法可以看到其提供了自动刷新的功能。为了将数据以文本格式输出,需要使用 PrintWriter 类中提供的与使用 System.out 时相同的 print()、println()、printf()方法,这些方法能以文本格式打印出各种基本类型数据和对象(对于任意对象 obj,则打印出 obj.toString()返回的字符串)。

【例 7-6】 写文本数据。

```
import java.io.PrintWriter;
import java.io.FileWriter;
public class TextOutput {
    public static void main(String[] args) {
        try{
            PrintWriter pw = new PrintWriter(new FileWriter("d:\\output.txt"));
            pw.print(12);
            pw.print(" ");
            pw.println(3.5);
            pw.println(true);
            pw.println("你好 JAVA!");
            pw.close();
        } catch (Exception e){
            e.printStackTrace();
        }
    }
}
```

在例 7-6 中,PrintWriter 类是通过与 FileWriter 类关联创建对象,因此采用的是平台默认的字符编码方式,倘若想使用自己指定的编码方式(例如 UTF-8),则可以写成如下的语句:

```
PrintWriter pw = new PrintWriter(new OutputStreamWriter(
                                new FileOutputStream("d:\\output.txt"), "UTF-8"));
```

例 7-6 的程序运行后将会在 d 盘下的名为"output.txt"的文件中显示如下信息。

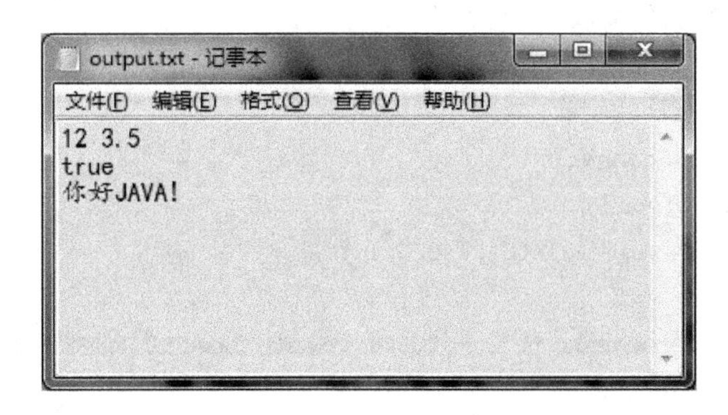

图 7-6 例 7-6 程序运行结果

7.4.2 读文本数据

对于字符的读操作通常都是由 Reader 类的子类对象实现的。Reader 类的常见子类如下所示。

- BufferedReader:字符缓冲流。
- CharArrayReader:字符数组转换为字符流。
- FilterReader:把其他字符流转换为另外一种字符流。

- InputStreamReader：把二进制流转换为字符流。
- PipedReader：把管道字符流转换为字符流。
- StringReader：把字符串转换为字符流。
- FileReader：把文件转换为字符流。

这里，我们主要介绍以下三种常见的子类：InputStreamReader、FileReader 和 BufferedReader。InputStreamReader 是字节流通向字符流的桥梁，它使用指定的字符集读取字节并将其解码为字符。它使用的字符集可以由名称指定或显式给定，或者可以接受平台默认的字符集，它的构造方法与 OutputStreamWriter 类似。

FileReader 类是 InputStreamReader 类的子类，是用来读取字符文件的便捷类，此类的构造方法假定使用的是平台默认字符编码。若要自己指定字符编码方式，则可以采用在一个 FileInputStream 对象上构造一个 InputStreamReader 对象的方式。FileReader 类的构造方法与 FileWriter 类类似，不同的是其没有 append 参数。

对于 InputStreamReader 对象而言，每次调用 read()方法都会导致从底层输入流读取一个或多个字节。要启用从字节到字符的有效转换，可以提前从底层流读取更多的字节，使其超过满足当前读取操作所需的字节。为了达到更高效率，可以考虑在 BufferedReader 内包装 InputStreamReader。例如：

```
BufferedReaderbr = new BufferedReader (new InputStreamReader (System.in));
```

BufferedReader 类主要使用 read()方法从字符输入流中读取文本，缓冲各个字符(可以指定缓冲区大小，或者接受默认大小)，从而实现字符、数组和行的高效读取。该类与 BufferedInputStream 类有类似的构造器和方法，不同的是，该类提供了一个返回 String 类型的 readLine()方法用于读取一个文本行。尽管如此，BufferedReader 类没有提供任何用于读取基本类型数据的方法，因此可以使用 java.util.Scanner 类来进行文本数据读取，该类中提供了一系列读取基本类型数据的方法。

【例 7-7】 文本数据的读取。

```
import java.io.BufferedReader;
import java.io.FileReader;
import java.util.Scanner;
public class TextInput {
    public static void main(String[] args) {
        try{
            BufferedReader br = new BufferedReader(new FileReader("d:\\output.txt"));
            String line = "";
            System.out.println("使用 BufferedReader 读取:");
            while((line = br.readLine())! = null){
                System.out.println(line);
            }
            br.close();
            scannerRead();
        } catch (Exception e){
            e.printStackTrace();
```

```
        }
    }
    static void scannerRead(){
        try{
            Scanner sc = new Scanner(new FileReader("d:\\output.txt"));
            System.out.println("使用 Scanner 读取:");
            int num1 = sc.nextInt();
            double num2 = sc.nextDouble();
            System.out.println("前两个数的和是:" + (num1 + num2));
            System.out.println(sc.nextBoolean());
            //消耗一行
            sc.nextLine();
            System.out.println(sc.nextLine());
            sc.close();
        } catch (Exception e){
                e.printStackTrace();
        }
    }
}
```

例 7-7 展示了如何利用 BuffedReader 类和 Scanner 类从例 7-6 运行后生成的文件中读取信息。该程序运行后将在屏幕上打印出如图 7-7 所示的结果。

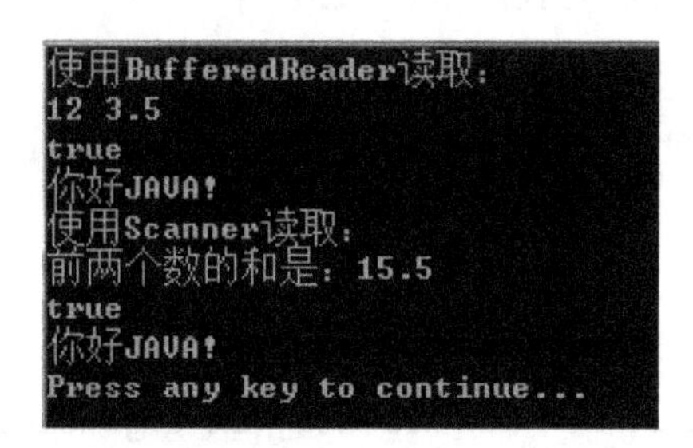

图 7-7　例 7-7 程序运行结果

7.5　ZIP 文件读写

本节主要介绍提供 ZIP 文件读写功能的两个类:ZipInputStream 和 ZipOutputStream。

ZIP 文档通常以压缩格式存储一个或多个文件。在 Java 中,可以使用 java.util.zip 包中的 ZipOutputStream 和 ZipInputStream 类进行 ZIP 文档的读写。这两个类的构造方法非常简单,通常采用关联字节流的方式创建对象。例如:

```
ZipOutputStream zos = new ZipOutputStream(newFileOutputStream("d:\\data.zip"));
ZipInputStream zis = new ZipInputStream(newFileInputStream("d:\\data.zip"));
```

值得注意的是,ZIP 格式的字节源并非必须是文件,也可以是来自网络连接的 ZIP 数据等。

7.5.1 写 ZIP 文件

写 ZIP 文件就是把普通文件与目录文件压缩到压缩文件之中,在 JDK 中由 ZipOutputStream 类实现。对于你想写入到 ZIP 文件中的每一个文件,都需要先为其创建一个压缩项(即 ZipEntry 对象,该对象可以通过将文件名传递给构造器的方式获得)。接着,需要调用 ZipOutputStream 对象的 putNextEntry()方法将这一新的压缩项写入 ZIP 文件并将流定位到压缩项数据的开始处,再通过调用 write()方法将文件数据写入 ZIP 流中。当完成一个压缩项的写入时,需要调用 closeEntry()方法关闭当前 ZIP 压缩项并定位流以写入下一个压缩项。

【例 7-8】 创建 ZIP 压缩文件。

```
import java.io.File;
import java.io.FileInputStream;
import java.io.FileOutputStream;
import java.util.zip.ZipEntry;
import java.util.zip.ZipOutputStream;
public classZipWrite {
    public static void  main(String[] args) throws Exception {
        //创建压缩流
        ZipOutputStream zos = new ZipOutputStream(new FileOutputStream("d:\\
zipwrite.zip"));
        File newfile = new File("d:\\temp");
        File[] files = newfile.listFiles();
        byte[] data = new byte[200];
        int r = -1;
        for(File tmpf : files){
            if(tmpf.isFile()){
                ZipEntry ze = new ZipEntry(tmpf.getCanonicalPath());
                //添加一个压缩项
                zos.putNextEntry(ze);
                FileInputStream fis = new FileInputStream(tmpf);
                //往压缩项写数据
                while((r = fis.read(data))! = -1){
                    zos.write(data,0,r);
                }
                fis.close();
                //关闭一个压缩项
                zos.closeEntry();
            }
```

```
        }
        //关闭压缩流
        zos.close();
    }
}
```

例 7-8 的功能是将目录"d:\\temp"下的所有普通文件进行压缩,并将压缩后得到的 ZIP 文件"zipwrite.zip"置于 d 盘根目录下。在该例中,仅仅考虑了将目录下的所有普通文件进行压缩,若要将包括目录文件在内的所有文件进行压缩,则可以利用递归的方式对各个子目录下的普通文件分别依次进行压缩。这一功能的实现大家可以在课后自行完成。

7.5.2 读 ZIP 文件

读取 ZIP 文件与压缩 ZIP 文件刚好相反。Java 中的解压缩由 ZipInputStream 类实现,调用 ZipInputStream 对象的 getNextEntry()方法可以返回一个描述压缩项信息的 ZipEntry 对象,并将流定位到当前压缩项数据的开始处。再通过调用 read()方法从 ZIP 流中读取压缩项中的数据。当完成一个压缩项的读取时,需要调用 closeEntry()方法关闭当前 ZIP 压缩项并定位流以读入下一个压缩项。

【例 7-9】 读取 ZIP 压缩文件。

```
import java.io.FileInputStream;
import java.io.FileOutputStream;
import java.util.zip.ZipEntry;
import java.util.zip.ZipInputStream;
public classZipRead {
    public static void main(String[] args) throws Exception{
        //创建解压缩流
        ZipInputStream zis = new ZipInputStream(
        new FileInputStream("d:\\zipwrite.zip"));
        byte[] data = new byte[200];
        int r =-1;
        ZipEntry ze = null;
        //得到一个压缩项
        while((ze = zis.getNextEntry())! = null){
            FileOutputStream fos = new FileOutputStream(ze.getName());
            //从压缩项读数据
            while((r = zis.read(data))! =-1){
                fos.write(data,0,r);
            }
            fos.close();
            //关闭一个压缩项
```

```
            zis.closeEntry();
        }
        //关闭解压缩流
        zis.close();
    }
}
```

例 7-9 的功能是将 d 盘下的 ZIP 文件“zipwrite.zip”进行解压缩，并将解压缩后得到的所有文件放置在已有的目录“d:\\temp”下。同样，本例没有考虑如何将包含多层目录结构的 ZIP 文件进行解压缩。这一功能的实现大家可以在课后自行完成。

7.6 对象序列化

本节首先简要介绍对象序列化的基本概念，然后以实例描述如何使用 ObjectInputStream 和 ObjectOutputStream 类进行对象的读写操作。

Java 语言支持对象序列化(object serialization)机制，它可以将任何对象输出到字节流中，并在之后可以将其读回。序列化的主要目的是数据持久化，所谓持久化就是数据的物理存储，比如保存到磁盘。反序列化还得把持久化的数据恢复成原来的格式。比如 Java 中的对象，可以保存到文件，在需要的时候再从文件中读取并恢复成 Java 对象。

Java 的对象要想实现序列化，必须实现 java.io.Serializable 接口。该接口没有任何接口方法，由 JDK 在底层实现。序列化接口表明一种类型，Java 虚拟机对序列化类型的对象进行额外的处理。对象序列化是以特殊的文件格式存储对象数据的，通常“AC ED”是固定的开始格式，后跟的“00 05”是序列化格式版本号，接着存储的是类描述和对象数据。当一个对象 a 被序列化时，若该对象的一个域是另一个对象 b 的引用并且对象 b 的类也实现了序列化接口，则对象 b 也会被序列化。对于那些不允许被序列化或者没有必要序列化的域，可以使用 transient 修饰符号禁止这些域被序列化，transient 类型的域在对象序列化时总是被跳过的。例如，如果对象 a 的一个域是一个没有实现序列化接口的对象引用 b，则对象 a 的序列化会抛出 NotSerializableException 异常从而导致序列化失败，此时可以将表示对象引用 b 的域标记为 transient 类型。此外，对象的静态域中存储的值也不会被序列化。当对象进行反序列化(deserialization)时，静态域的值会被置为类中声明的值，而非静态的 transient 域的值将会被置为该域的数据类型的默认值。

在 Java 中使用实现了 ObjectOutput 接口的 ObjectOutputStream 类来进行对象的写操作，其基本步骤是：首先确定对象写往的目的地(通常目的地是文件和网络)，然后采用过滤方式构造 ObjectOutputStream 对象，再通过 writeObject()方法写对象。要注意的是，需要确保被写对象实现了序列化接口。

对象的读操作通常使用实现了 ObjectInput 接口的 ObjectInputStream 类，其基本步骤是：首先确定读取对象的源，然后使用流过滤得到 ObjectInputStream 对象，通过调用 ObjectInputStream 对象的 readObject()方法可以直接读取对象。

【例 7-10】 对象序列化的读写操作。

```
import java.io.*;
public class ObjectIO {
    static void WriteObj(){
        try{
            ObjectOutputStream oos = new ObjectOutputStream(
                    new FileOutputStream("d:\\data.dat"));
            SerA obj1 = new SerA(30);
            oos.writeObject(obj1);
            oos.close();
        } catch(Exception e) {
            e.printStackTrace();
        }
    }
    static void ReadObj(){
        try{
            ObjectInputStream ois = new ObjectInputStream(
                        new FileInputStream("d:\\data.dat"));
            SerA obj2 = (SerA)ois.readObject();
            obj2.display();
            System.out.println("The value of field is: " + obj2.getValue());
            ois.close();
        } catch(Exception e) {
            e.printStackTrace();
        }
    }
    public static void main(String[] args) {
        WriteObj();
        ReadObj();
    }
}
class SerA implements Serializable {
    private int a;
    public SerA(int num){
        a = num;
    }
    public int getValue(){
        return a;
```

```
    }
    public void display(){
        System.out.println("This is a serializable object!");
    }
}
```

例 7-10 运行后将会在屏幕上打印如图 7-8 所示的结果。

```
This is a serializable object!
The value of field is: 30
Press any key to continue...
```

图 7-8　例 7-10 程序运行结果

小　结

本章讨论了 Java 中的文件管理和输入输出，介绍了 I/O 流的相关概念以及常用流类的使用方式。抽象类 InputStream 和 OutputStream 构成了面向字节的输入/输出类层次结构的基础，字节流的读写通常由其子类实现；而抽象类 Reader 和 Writer 则是所有字符流的基类，字符流的读写通常由其子类实现。这些特定的子类能够对流分别提供特定的功能支持，例如 File、FileInputStream、FileOutputStream 是用于处理本地文件的类；BufferedInputStream 和 BufferedOutputStream 类提供了数据缓冲的功能；DataInputStream 和 DataOutputStream 类提供了以二进制格式对基本类型数据读写的功能；PrintWriter 类提供了以文本格式对基本类型数据写的功能；ZipInputStream 和 ZipOutputStream 类提供了对 ZIP 文件读写的功能；ObjectInputStream 和 ObjectOutputStream 类提供了对象序列化的功能。通常，我们使用将多个流相关联的流过滤方式进行流对象的创建。

习　题

1. 在 Java 中，通常将各种类型的输入源和输出目标抽象为________，其中能够从输入源中读取字节序列的对象称为________，而能够向输出目标写入字节序列的对象称为________。

2. 面向字节流的输入输出通常是由抽象类________和________的子类实现的；面向字符流的输入输出通常是由抽象类________和________的子类实现的。

3. Java 中通常使用标准输入流对象________从标准输入设备(通常是键盘)中读取数据；使用标准输出流对象________向标准输出设备(通常是显示器)写出数据。

4. 在 Java 中，________和________接口定义了以二进制格式读写基本类型数据的规范。

5. ________类主要用于以二进制格式对随机访问文件的读取和写入，通过调用该类对象的________方法可以将文件指针设置到文件中的任意位置。

6. ________类可以用于将基本类型数据以文本格式写入文件；________类可以用于从文

本文件中读取基本类型数据；________和________类用于对 ZIP 文件的读取和写入。

7. 对象要进行序列化，必须实现________接口，支持对象的读写操作的类分别是________和________。

8. 字节流和字符流的主要区别是什么？

9. File 类中的 delete()方法只能用于删除某个文件或空目录，如果一个目录中包含了不为空的子目录甚至多级子目录，如何使用递归的方式实现对该目录的删除，请编程实现。

10. 编写程序，通过使用 System 类中的静态 setIn 方法将标准输入流重定向到文件输入流，再通过过滤流将数据从标准输入流读取到控制台。

11. 利用 RandomAccessFile 类向一个文件中依次写入多个 int 型整数，然后依次将这些整数以逆序的方式从文件读取到控制台(例如将“10 20 30”依次写入文件，要求从文件中以“30 20 10”的顺序读取并在屏幕上打印)。

12. 使用字符流 BufferedReader 类统计某个文件中包含的字符个数和行数。

13. 修改例 7-10 中的程序，向类 SerA 中添加带有 transient 修饰符的各种基本数据类型的域，先创建类 SerA 的对象并对其所有 transient 域进行赋值，将该对象写入文件，再将其从文件中读取进行对象重构，将重构后所得对象中的所有域的值打印出来，观察所有 transient 域的值变化。

第8章 线　　程

在本章前面章节中介绍的应用程序都是单线程的，即一个应用程序只有一条执行路径。对于Java的Application程序，其执行路径从main()方法开始。然而在实际应用中，经常需要一个程序同时执行多个任务，这就要求一个程序同时有多条执行路径。比如，一个执行复杂计算功能的应用程序，在执行计算的同时还需要监视用户在界面中的操作。Java语言支持多线程，本章重点介绍线程的基本概念、线程的生命周期、线程的创建与实现、线程的管理与维护等。

本章学习目标：

1. 理解线程的概念。
2. 掌握线程的两种创建方法。
3. 掌握线程控制的方法。
4. 理解Java中的线程优先级和守护线程的含义。
5. 理解线程的同步和死锁问题。
6. 能处理多线程中出现的各种问题。

8.1 理解线程

8.1.1 进程的概念

程序是一段静态的代码，进程是程序的一次动态执行过程，它对应从代码加载、执行到执行完毕的一个完整过程，Windows任务管理器里的每一条都是一个进程。一个程序运行后，会在内存里产生一个进程。例如我们运行Word程序，就会产生一个Word进程。作为执行蓝本的同一段程序，可以被多次加载到系统的不同内存区域分别执行，形成不同的进程。

8.1.2 线程的概念

线程是比进程更小的执行单位，线程是进程的组成部分，一个进程在执行过程中可以产生多个线程，形成多条执行线索，每个线程也有自身产生存在和消亡的过程，是一个动态的概念，可以说线程是系统分配处理器时间资源的基本单元，或者说进程之内独立执行的一个单元。

对于操作系统而言，其调度单元是线程。一个进程可以有很多线程，每条线程并行执行不同的任务。一个进程至少包括一个线程，通常将该线程称为主线程。一个进程从主线程的执行开始进而创建一个或多个附加线程，就是所谓基于多线程的多任务。

一条线程指的是进程中一个单一顺序的控制流，一个进程中可以并发多个线程，每条线程并行执行不同的任务。在 UNIX System V 及 SunOS 中也被称为轻量进程(lightweight processes),但轻量进程更多指内核线程(kernel thread),而把用户线程(user thread)称为线程。

同一进程中的多条线程将共享该进程中的全部系统资源,如虚拟地址空间、文件描述符和信号处理等。但同一进程中的多个线程有各自的调用栈(call stack),自己的寄存器环境(register context),自己的线程本地存储(thread-local storage)。

在多核或多 CPU,或支持 Hyper-threading 的 CPU 上使用多线程程序设计的好处是显而易见的,即提高了程序的执行吞吐率。在单 CPU 单核的计算机上,使用多线程技术,也可以把进程中负责 I/O 处理、人机交互而常备阻塞的部分与密集计算的部分分开来执行,编写专门的 workhorse 线程执行密集计算,从而提高了程序的执行效率。

8.1.3 线程的生命周期

线程的生命周期中有四种基本状态,分别如下。

1. 产生(spawn)

Java 语言使用 Thread 类及其子类的对象来表示线程。当一个 Thread 类或者其子类的对象被声明并创建时,新生成的线程对象就处于新建状态。此时它已经有了相应的内存空间和其他资源并已被初始化。

2. 中断(block)

一个正在运行的线程在某些特殊情况下进入中断状态,例如被人为挂起或需要执行费时的输入/输出操作时,将让出 CPU 并暂时中断自己的执行。

3. 非中断(unblock)

非中断状态即可运行状态或运行状态,当线程脱离了造成中断的因素时,即进入非中断状态,首先会进入线程队列排队等待分配 CPU 时间片,此时已经具备了运行的条件,一旦被调度并获得处理器资源便开始运行。

4. 退出(finish)

线程不具有继续运行的能力之后即进入退出状态,一般是正常运行的线程完成了它的全部工作后退出。

8.2 线程类设计

8.2.1 线程 API 类图

在 Java 的 API 中 Thread 类是线程实现的主类,其核心过程方法由 Runnable 接口规范,每个线程可以隶属于一个线程组 ThreadGroup。线程的状态由内部类枚举类型 Thread. State 提供。异常中产生的异常栈由 StackTraceElement 数组存储。线程异常结束的时候可以绑定一个回调处理器 Thread. UncaughtExceptionHandler 处理相应的异常。

图 8-1 给出了线程的 API 类图。

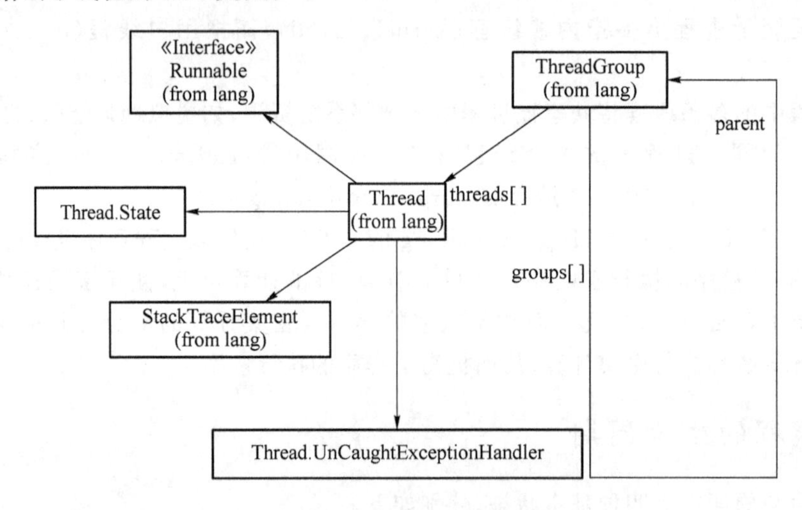

图 8-1 线程 API 类图

8.2.2 线程类 Thread 的构造方法

用于创建一个线程对象的构造方法有多个，常有的有以下三种。

(1) Thread(String threadName)：创建一个线程类的对象并为其指定一个字符串名称。

(2) Thread()：创建一个线程类的对象，其名称由系统自动指定为“Thread－”连接一个数值，例如“Thread－1”。

(3) Thread(Runnable target)：参数 target 称为被创建线程的目标对象。创建目标对象 target 的类负责实现 Runnable 接口，给出该接口中 run()方法的方法体，以实现 Runnable 接口的 target 对象中所定义的 run()方法来初始化或覆盖新创建的线程对象的 run()方法。

8.3 线程实现

线程的实现一般有两种方式：(1)创建 Thread 类的派生类，在派生类中重新定义 run()方法。用户只需要创建该派生类的对象就可以建立自己的线程。(2)创建实现 Runnable 接口的类，并在类中实现该接口中的 run()方法。用户创建该类的对象可以生成具体的线程。

8.3.1 继承实现

方式一：继承 Thread 类

```
public class ThreadDemo extends Thread{
    public void run(){
        //线程代码实现
        System.out.println("线程执行");
    }
    static public void main(String[] args){
        ThreadDemo th = new ThreadDemo();
```

```
            th.start();
        }
    }
```

8.3.2 接口实现

方式二:实现 Runnable 接口

```
public class ThreadDemo{
    static public void main(String[] args){
            Thread th = new Thread(new MyThImpl());
            th.start();
    }
}


class MyThImpl implements Runnable{
    public void run(){
            //线程代码实现
            System.out.println("线程执行");
    }
}
```

由于 Thread 类也实现了 Runnable 接口,所以两种方式的本质都是一样的。

方式一中线程实现方法与 Thread 类集成在一起,而方式二中线程实现方法与 Thread 类分离开,其好处是这个线程类还可以继承其他的类。

创建一个线程后可以使用 start()方法启动线程,其原型为

```
public void start()
```

注意:一个线程只能启动一次。线程在运行中不能启动,甚至线程结束后也不能再使用 start()方法重新启动。如果第二次调用 start()方法,不管在什么条件下都会报 IllegalThreadStateException 异常。当线程代码执行完毕,就以为线程结束。实际就是线程的 run()方法上结束,就意味着线程结束。

8.4 线 程 控 制

8.4.1 监控线程状态

线程的具体状态在枚举类型 Thread. State 中定义,具体如下。

- NEW:线程对象创建,还没有调用 start 之前的状态。
- RUNNABLE:线程执行时候的状态,就是 run 中代码被执行的时候的状态。
- BLOCKED:线程被阻塞等待一个解锁时候的状态。
- WAITING:另外一个线程在执行,本线程会处于等待状态。
- TIMED_WAITING:一个线程等待到指定时间的状态。

• TERMINATED：线程退出 run 的状态。

获取线程的状态方法：

public Thread.State getState()

不同的状态之间的切换是靠下文所介绍的线程的方法来改变的。

8.4.2 线程睡眠

如果需要让当前正在执行的线程暂停一段时间，并进入阻塞状态，则可以通过调用 Thread 类的 sleep()方法。

【例 8-1】 线程睡眠示例。

例 8-1 使主线程每休眠 100 毫秒，然后再输出数字。

```
public class ThreadTest1 {
    public static void main(String[] args) throws InterruptedException {
        for(int i = 0;i<20;i ++ ){
            System.out.println("main" + i);
            Thread.sleep(100);
        }
    }
}
```

可以明显看到打印的数字在时间上有些许的间隔。

注意如下几点问题：

(1) sleep()是静态方法，最好不要用 Thread 的实例对象调用它，因为它睡眠的始终是当前正在运行的线程，而不是调用它的线程对象，它只对正在运行状态的线程对象有效。

(2) Java 线程调度是 Java 多线程的核心，只有良好的调度，才能充分发挥系统的性能，提高程序的执行效率。但是不管程序员怎么编写调度，只能最大限度地影响线程执行的次序，而不能做到精准控制。因为使用 sleep()方法之后，线程是进入阻塞状态的，只有当睡眠的时间结束，才会重新进入到就绪状态，而就绪状态进入到运行状态，是由系统控制的，编程者不可能精准的去干涉它，所以如果调用 Thread.sleep(1000)使得线程睡眠 1 秒，可能结果会大于 1 秒。

8.4.3 中断线程

线程中断调用 interrupt()方法，具体原型如下。

public void interrupt()：线程中断时中断当前的阻塞与等待状态，并强制线程抛出异常。一般在 wait()、sleep()、join()等方法导致线程阻塞的时候调用。

8.4.4 阻塞线程

线程的阻塞是由 join()方法实现，具体原型如下。

• void join()：当前线程等待加入该线程后面，等待该线程终止。

• void join(long millis)：当前线程等待该线程终止的时间最长为 millis 毫秒。如果在 millis 时间内，该线程没有执行完，那么当前线程进入就绪状态，重新等待 CPU 调度。

• void join(long millis,int nanos)：等待该线程终止的时间最长为 millis 毫秒＋nanos 纳

秒。如果在 millis 时间内，该线程没有执行完，那么当前线程进入就绪状态，重新等待 CPU 调度。

方法 join 的本意是等待线程直到它死亡。原来设计的初衷是主线程在创建子线程后先结束会导致子线程也结束。为了防止主线程结束，可以在主线程中调用 join()方法等待子线程结束。但当 join()在本线程中调用，就意味等待自己结束，而自己本来就在运行，会导致死锁，就是阻塞，这种阻塞只能使用 interrupt()方法来结束。

调用 join()方法后，线程处于 WAITING 状态。

8.4.5 线程等待和唤醒

实现线程等待和唤醒的方法：

```
public final void wait() throws InterruptedException
public final void wait(long timeout,int nanos) throws InterruptedException
voidnotify()
voidnotifyAll()
```

方法 wait()与 sleep()的区别或者 join()的区别是 wait()一般使用 notify()唤醒。而且必须在 synchronized 块中，可以是匿名块或者方法块，否则会抛出 IllegalMonitorStateException 异常。

总之如果等待使用 sleep()方法，唤醒使用 interrupt()方法；如果等待使用 join()方法，唤醒使用 interrupt()方法；当等待使用 wait()方法时，唤醒使用 notify()方法。

8.4.6 线程终止

线程终止是指当前线程放弃调度执行权力，等待下次排队执行。其并不是线程结束，也不是线程等待。

```
public static void yield()
```

yield()方法和 sleep()方法有点相似，它也是 Thread 类提供的一个静态的方法，它也可以让当前正在执行的线程暂停，让出 CPU 资源给其他的线程。但是和 sleep()方法不同的是，它不会进入到阻塞状态，而是进入到就绪状态。yield()方法只是让当前线程暂停一下，重新进入就绪的线程池中，让系统的线程调度器重新调度一次，完全可能出现这样的情况：当某个线程调用 yield()方法之后，线程调度器又将其调度出来重新进入到运行状态执行。

该方法一般用来测试，或者在线程同步的时候使用，且该方法与线程对象无关，只对调用该方法的线程起效果。

【例 8-2】 线程控制的综合实例。

```
import java.util.Scanner;
public class ThreadTest2 {
    private static int data = -1;
    private static Thread thread = new Thread(new Runnable() {
        public void run() {
            System.out.println("线程已经启动…输入 0,则计数开始!");
            for(int i = 10;i>0;i--){
                while(data ! = 0){
```

```
                    Thread.yield();
                }
                System.out.println(Thread.currentThread().getName() + ":" + i);
                try {
                    Thread.sleep(100);
                } catch (InterruptedException e) {
                    e.printStackTrace();
                }
            }
        }
    });
    public static void main(String[] args) {
        thread.start();
        Scanner in = new Scanner(System.in);
        while(data == -1){
            try {
                data = Integer.parseInt(in.nextLine());
                if(data != 0){
                    System.out.println("输入0,则计数开始!");
                    data = -1;
                }
            } catch (NumberFormatException e) {
                    System.out.println("请输入整数!");
            }
        }
        in.close();
    }
}
```

在例 8-1 中通过 Thread.yield()方法实现暂停正在执行的线程，通过 Thread.sleep(100)实现每隔 0.1 秒进行一次输出。输出后的结果如图 8-2 所示。

图 8-2 例 8-2 程序运行结果

8.5 线程属性

8.5.1 优先级属性

每个线程执行时都有一个优先级的属性，优先级高的线程可以获得较多的执行机会，而优先级低的线程则获得较少的执行机会。与线程休眠类似，线程的优先级仍然无法保障线程的执行次序。只不过，优先级高的线程获取 CPU 资源的概率较大，优先级低的也并非没机会执行。

每个线程默认的优先级都与创建它的父线程具有相同的优先级，在默认情况下，main 线程具有普通优先级。

Thread 类提供了 setPriority(int newPriority)和 getPriority()方法来设置和返回一个指定线程的优先级，其中 setPriority 方法的参数是一个整数，范围是 1～10，也可以使用 Thread 类提供的三个静态常量：

MAX_PRIORITY＝10

MIN_PRIORITY＝1

NORM_PRIORITY＝5

【例 8-3】 线程优先级设置。

```
public class ThreadTest3 {
    public static void main(String[] args) throws InterruptedException {
        new MyThread("高级", 10).start();
        new MyThread("低级", 1).start();
    }
}
class MyThread extends Thread {
    public MyThread(String name,int pro) {
        super(name);//设置线程的名称
        setPriority(pro);//设置线程的优先级
    }
    public void run() {
        for (int i = 0; i< = 100; i ++ ) {
            System.out.println(this.getName() + "线程第" + i + "次执行!");
        }
    }
}
```

从结果可以看到，一般情况下，高级线程更先执行完毕。

注意：虽然 Java 提供了 10 个优先级别，但这些优先级别需要操作系统的支持。不同的操作系统的优先级并不相同，而且也不能很好地和 Java 的 10 个优先级别对应。所以我们应该使用 MAX_PRIORITY、MIN_PRIORITY 和 NORM_PRIORITY 三个静态常量来设定优先级，这样才能保证程序最好的可移植性。

8.5.2 守护线程

在 Java 中有两类线程：

(1) User Thread(用户线程)

(2) Daemon Thread(守护线程)

守护线程具有最低的优先级，用于为系统中的其他对象和线程提供服务。守护线程使用的情况较少，但并非无用，举例来说，JVM 的垃圾回收、内存管理等线程都是守护线程。还有就是在做数据库应用时候，使用的数据库连接池，连接池本身也包含着很多后台线程，监控连接个数、超时时间、状态等。

用户也可以自己设置守护线程：

```
public final void setDaemon(boolean on)
```

setDaemon(true)必须在 start()之前设置，否则会抛出一个 IllegalThreadStateException 异常。你不能把正在运行的常规线程设置为守护线程。

在 Daemon 线程中产生的新线程也是 Daemon 的。

如果没有其他用户线程在运行，那么就没有可服务对象，守护线程就不再继续运行下去。但用户线程没有结束，主线程(就是虚拟机线程)会等待，所以要等待守护线程，必须调用守护线程的 join()方法。

8.6 线程同步

8.6.1 Synchronized 同步方法和同步代码块

多个线程的调度会导致一些严重的问题，尤其是对用户数据的访问上，会导致数据不一致。可能一个线程刚把 a++执行完，另外一个线程就被调度执行，还从 a++执行，这样导致 a 的值产生了两次自加操作，从而影响了第一个线程中对于 a 的值的预期。要解决这个问题的根本：就是保证某个线程一定要执行完某段代码，其他线程才能被调度执行。这种保护某段代码只能同时被一个线程执行的技术称为线程同步。

关键字 synchronized 是 Java 内部实现的一个简单锁，可以使用 synchronized 关键字锁定一段代码：

```
public static void biz(){
    synchronized(Object.class){          //锁定代码段
        a++;
        b++;
        if(a! = b){
            System.out.println(a + "! = " + b);
        }
    }
}
```

或者用其来锁定整个方法：

```
synchronized public static void biz(){   //锁定整个方法
    a++;
    b++;
    if(a! = b){
        System.out.println(a + "! = " + b);
    }
}
```

8.6.2 同步变量 volatile 关键字

Java 中变量前面可以加个修饰语 volatile，关键字 volatile 引入的主要目的是解决成员变量的多线程访问同步的问题。线程为了提高效率，将成员变量克隆一份放在寄存器，线程中访问的是克隆的成员。只在某些动作时才进行成员变量与克隆变量的同步。因此会出现存在内存的成员变量与寄存器中的克隆变量不一致的情况。volatile 就是用来避免这种情况的。简单来讲就是告诉编译器，在读取该变量数值的时候，应该直接从内存读取，而不是从寄存器里读取其复制。

```
public class ThreadVolatileTest {
    volatile private int m_a;
    public synchronized int getM_a(){
    return m_a;
}
public synchronized void setM_a(int a){
    m_a = a;}
}
```

值得注意的是，volatile 不保证对变量的原子操作，它是 Java 语法提供的一种免锁机制。例 8-4 说明 volatile 不保证原子性操作，这一点与 synchronized 是一样的。

【例 8-4】 volatile 使用示例。

```
public class ThreadTest4 {
    volatile public static int a = 0;
    public static void biz(){
        try{Thread.sleep(1);     //设置为 1～10 都有明显的效果
        }catch(Exception e){}
        a++;
    }
    public static void main(String[] args)throws Exception{
        Thread[] th = new Thread[1000];
        for(int i = 0;i<1000;i++){
            th[i] = new Thread(){
```

```
                public void run(){
                    ThreadTest4.biz();
                }
            };
            th[i].start();
        }
        for(int i = 0;i<1000;i ++ ){th[i].join();}
        System.out.println(ThreadTest4.a);
    }
}
```

例 8-4 的运行结果是不定的。因为变量的访问包含读取、加载、使用、赋值、存储、写入等动作，volatile 不能保证这些操作是原子的。Java 对原子性操作，提供专门的封装操作，具体内容位于 java. util. concurrent. atomic 包中。

Java 提供了以下基本类型与引用类型的原子性操作封装类：

- AtomicBoolean
- AtomicInteger
- AtomicIntegerArray
- AtomicIntegerFieldUpdater
- AtomicLong
- AtomicLongArray
- AtomicLongFieldUpdater
- AtomicMarkableReference
- AtomicReference
- AtomicReferenceArray
- AtomicReferenceFieldUpdater
- AtomicStampedReference

这些类都提供了对相应类型的单个变量的原子访问和更新，例如可将例 8-4 修改为以下形式确保加法操作是原子的。

```
import java.util.concurrent.atomic.AtomicInteger;
public class ThreadTest4Update{
    public static AtomicInteger a = new AtomicInteger(0);
        public static void main(String[] args){
            Thread[] th = new Thread[1000];
            for(int i = 0;i<1000;i ++ ){
                th[i] = new ThreadOne(){
                    public void run(){
                    try{
                    Thread.sleep(1);
```

```
                    } catch(Exception e){}
                    a.addAndGet(1);     //确保加法是原子的。
                    }
                };
                th[i].start();
            }
        }
    }
```

8.6.3　线程锁 Lock 接口及 ReentrantLock 类

Lock 类是接口，根据锁使用的情况提供如下实现：

(1) ReentrantLock

(2) ReentrantReadWriteLock. ReadLock

(3) ReentrantReadWriteLock. WriteLock

Lock 接口包含的方法有：

```
void lock()                    //加锁
void lockInterruptibly()       //加锁知道线程被 Interrupt
ConditionnewCondition()        //返回与所绑定的条件
boolean tryLock()              //测试锁
boolean tryLock(long time, TimeUnit unit)
void unlock()                  //释放锁
```

ReentrantLock 类的构造方法有：

```
ReentrantLock()
ReentrantLock(boolean fair) //构建公平策略锁，偏爱等待时间长的线程。
```

【例 8-5】 使用 ReentrantLock 类实现线程同步。

```
import java.util.concurrent.locks. * ;
public class ThreadTest5{
    public static int a = 0;
    public static int b = 0;
    private static ReentrantLock lock = new ReentrantLock();
    public static void biz(){
        lock.lock();           //加锁
        a++;
        b++;
        if(a! = b){            //条件会满足吗?
            System.out.println(a + "! = " + b);
        }
        lock.unlock();         //释放锁
```

```
    }
    public static void main(String[] args)throws Exception{
        ThreadOne th1 = new ThreadOne();
        ThreadOne th2 = new ThreadOne();
        th1.start();
        th2.start();
    }
}
class ThreadOne extends Thread{
    public void run(){
        while(true){
            ThreadTest5.biz();
        }
    }
}
```

在 lock 与 unlock 之间的代码可以保证只有一个线程执行。

8.6.4 死锁

Java 线程死锁是一个经典的多线程问题，因为不同的线程都在等待那些根本不可能被释放的锁，从而导致所有的工作都无法完成。发生死锁的条件是显而易见的：在锁中等待。最典型的情况是滥用锁造成的，最滥用锁的典型是锁交叉。

【例 8-6】 死锁问题说明。

```
class DeadLocker {
    private int m_a = 0;
    private int m_b = 0;
    private Object lkObj1 = new Object();
    private Object lkObj2 = new Object();
    public void method1() {
        synchronized(lkObj1) {
            synchronized(lkObj2) {
                m_a++;
                System.out.println("method1:" + m_a);
            }
        }
    }
    public void method2() {
        synchronized(lkObj2) {
            synchronized(lkObj1) {
```

```
                    m_b++;
                    System.out.println("method2:" + m_b);
                }
            }
        }
    }
    //两个线程分别调用 method1 与 method2 就容易导致死锁。
    public class ThreadDeadLockTest{
        public static DeadLocker locker = new DeadLocker();
        public static void main(String[] args)throws Exception{
            new ThreadOne().start();
            new ThreadTwo().start();
        }
    }
    class ThreadOne extends Thread{//负责向 amount 添加数据
        public void run(){
            while(true){
                //try{Thread.sleep(10);}catch(Exception e){}
                ThreadDeadLockTest.locker.method1();
            }
        }
    }
    class ThreadTwo extends Thread{
        public void run(){
            while(true){
                //try{Thread.sleep(10);}catch(Exception e){}
                ThreadDeadLockTest.locker.method2();
            }
        }
    }
```

例 8-6 运行之后，程序首先创建 ThreadOne 对应的线程，输出“method1：+具体数字”的信息，该具体数字从 1 开始，然后创建 ThreadTwo 对应的线程，但该线程执行方法体时会出现死锁现象，程序将停止输出信息。

8.6.5 测试锁

调用 lock 方法，线程进入等待状态，而且如果锁使用不当，还会导致死锁，一般系统会提供一种防止死锁的机制，这就是测试锁。

在 Lock 接口中提供两个方法：

(1) boolean tryLock()

(2) boolean tryLock(long time, TimeUnit unit)

这两个方法执行的时候,如果没有加锁,则加锁并返回 true;如果已经加锁,则直接返回 false,如果指定延时,则等待 time 时间后才返回 false,而不是阻塞等待。这样就不会产生锁等待释放的情况,从而避免死锁发生的可能性。

8.6.6 读写锁 ReadWriteLock

针对软件开发最常用的 I/O 情况,一般操作系统专门针对 I/O 读写的情况,提供了读写锁(读写未必一定用在 I/O 上),读写锁的特征是:

读操作可以多线程并发操作,写操作不能并发操作,读/写不能并发操作。就是写/写是互斥的,读/写是互斥的,但读/读不互斥。

在 Java 语言中读写锁是由类 ReentrantReadWriteLock 提供的方法实现对象构造。

(1) ReentrantReadWriteLock. ReadLock readLock()

(2) ReentrantReadWriteLock. WriteLock writeLock()

其中的 ReentrantReadWriteLock. ReadLock 与 ReentrantReadWriteLock. WriteLock 都是 Lock 接口的实现类,而且是 ReentrantReadWriteLock 类的内部静态类,提供与其他锁一样的接口方法。

【例 8-7】 读写锁演示售货与生产商品的过程实现。

```
import java.util.ArrayList;
import java.util.List;
import java.util.concurrent.locks.Lock;
import java.util.concurrent.locks.ReentrantLock;
import java.util.concurrent.locks.ReentrantReadWriteLock;
public class ThreadTest7 {
    ReentrantReadWriteLock rwLock = new ReentrantReadWriteLock();
    //读锁
    Lock rLock = rwLock.readLock();
    //写锁
    Lock wLock = rwLock.writeLock();
    //货架
    List stock = new ArrayList();
    //互斥锁
    ReentrantLock lock = new ReentrantLock();
    //商品买卖,当商品数量小于 1 时,释放读锁并获取写锁
    //生产商品后,锁降级在写锁保护下重新获取读锁并消费商品
    public void sell() {
        System.out.println("获取售货需求...");
        try {
```

```
            rLock.lock();
            if (stock.size()<=0) {
                System.out.println("发现货物库存不足...");
                rLock.unlock();
                wLock.lock();
                manufacture();
                rLock.lock();
                wLock.unlock();
            }
            consume();
            rLock.unlock();
        } finally {
        }
    }
    //生产商品
    private void manufacture() {
        System.out.println("生产出一件商品...");
        stock.add("product");
    }
    //消费商品
    private void consume() {
        System.err.println("消费一件商品:" + stock.remove(0));
    }
    public static void main(String[] args) {
        final ThreadTest7 rwDemo = new ThreadTest7 ();
        rwDemo.sell();
    }
}
```

程序运行结果如图 8-3 所示。

```
获取售货需求...
发现货物库存不足...
生产出一件商品...
消费一件商品: product
Press any key to continue...
```

图 8-3　例 8-7 程序运行结果

小　结

本章首先介绍了进程和线程的概念，然后讨论了创建线程的两种方法：一种是创建一个线程类来继承 Thread 类；另一种是实现 Runnable 接口，使用第二种方法的好处是线程类还可以继承其他的类。介绍了线程控制的各种方法，讨论了线程优先级的问题以及为其他线程提供服务的守护线程的知识。重点介绍了有关线程同步的各种知识，其中最常用的是 Synchronized 同步方法和同步代码块，还介绍了 volatile 关键字在使用中的特点。最后介绍了与线程锁 Lock 接口有关的内容，如死锁、测试锁和读写锁等。总地来说，通过本章的学习使读者对线程有了较为全面的认识，可以使用线程技术实现现实中的各种应用，能够处理多线程编程过程中出现的各种问题。

习　题

1. 什么是进程？什么是线程？请简述它们的区别与联系。
2. 线程的睡眠、中断、阻塞、等待、唤醒及终止分别采用什么方法？
3. 线程的生命周期中有哪几种基本状态？请分别描述之。
4. 请简要描述线程的优先级属性。
5. 死锁是怎么出现的？如何避免死锁？
6. 多线程之间怎样进行同步？
7. 下面说法正确的是(　　)。

A. Java 中线程是非抢占式的

B. Java 中的线程不可以共享数据

C. 每个 Java 程序都至少有一个线程，即主线程

D. Java 中的线程不可以共享代码

8. 以下多线程对 int 型变量 x 的操作，哪个不需要进行同步(　　)。

A. x+=1　　B. x++　　C. ++x　　D. x=1

9. 当一个线程被人为挂起或需要执行费时的输入输出操作时，将让出 CPU 并暂时中断自己的执行，称为进入________状态。

10. 每个线程执行时都有一个优先级的属性，优先级________的线程可以获得较多的执行机会。

第9章　图形用户界面设计

图形用户界面(Graphical User Interfaces，GUI)是应用程序的外观，应用程序通过GUI接收用户的输入并向用户输出应用程序运行的结果。GUI设计的好坏直接关系到应用程序的用户体验，因此掌握GUI的设计对于Java编程来说也至关重要。本章主要介绍GUI设计常用的Swing组件、布局管理器以及事件处理机制。我们通过程序来说明GUI设计的相关方法。通过本章的学习，可以掌握使用Swing组件创建应用程序的图形用户界面。

本章学习目标：

1. 理解AWT和Swing组件的区别。
2. 理解Java中事件处理模型。
3. 掌握Swing中的容器组件。
4. 掌握Swing中的文本组件。
5. 掌握Swing中的选择组件。
6. 掌握Swing中的菜单组件。
7. 掌握布局管理器。

9.1　AWT和Swing概述

9.1.1　AWT概述

AWT(Abstract Window Toolkit，抽象窗口工具包)API是为Java程序提供的建立图形用户界面的工具集。AWT中包括了大量的用于创建图形用户界面的类和接口，这些类和接口物理存放于java.awt类包(package)中，该包中类的继承关系如图9-1所示。

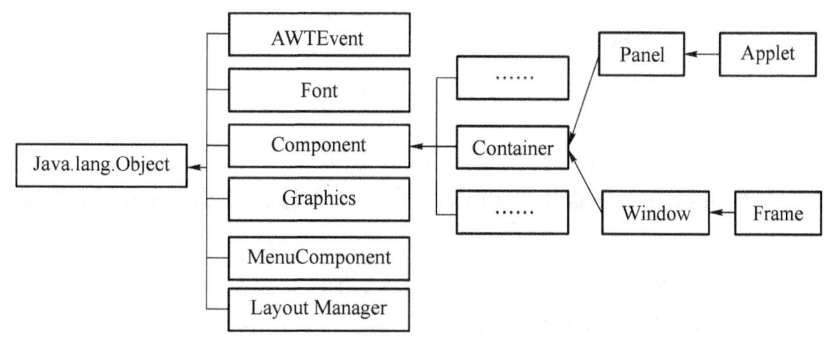

图9-1　java.awt包中类的继承关系

AWT 主要由以下三个部分组成。

(1) 组件(Component):是图形用户界面的基本部分,是可以以图形化的方式显示在屏幕上,并能与用户进行交互的对象,例如一个按钮、一个标签等。大多数组件都是从抽象类 Component 派生而来的。

(2) 容器(Container):容器类用于包含组件和容器,以便统一操作和管理。Java 中所有组件都必须被包含到容器中。每个容器用方法 add()向容器里添加组件,用方法 remove()从容器里删除组件。

(3) 布局管理器(Layouts):用于规定组件在容器中的排列形式。Java 系统提供的标准布局管理器有:FlowLayout、BorderLayout、GridLayout、CardLayout、BoxLayout、GridBagLayout 等。每个容器都与一个布局管理器相连,以确定容器内组件的布局方式。每个容器都有一个默认的布局管理器,也可以自行设置与容器关联的布局管理器。

AWT 能够提供用于创建 GUI 的各种基本组件,并通过键盘或鼠标来响应用户的操作。但 AWT 组件类是由 C 语言或者 C++语言实现的,因此称为重组件。当使用这些类来创建组件对象时,都会有一个本地组件为它工作,称为同位体。

9.1.2 Swing 概述

Swing 组件是 Java 中提供的一系列图形用户界面控件的集合,存在于 javax.swing 包中。该包中的类分为两类:容器类(如 JFrame、JPanel、JScrollPane 等)和组件类(如 JLabel、JTextField、JTextArea、JButton、JCheckBox、JRadioButton、JComboBox 等)。Swing 的各个控件外观如图 9-2 所示。

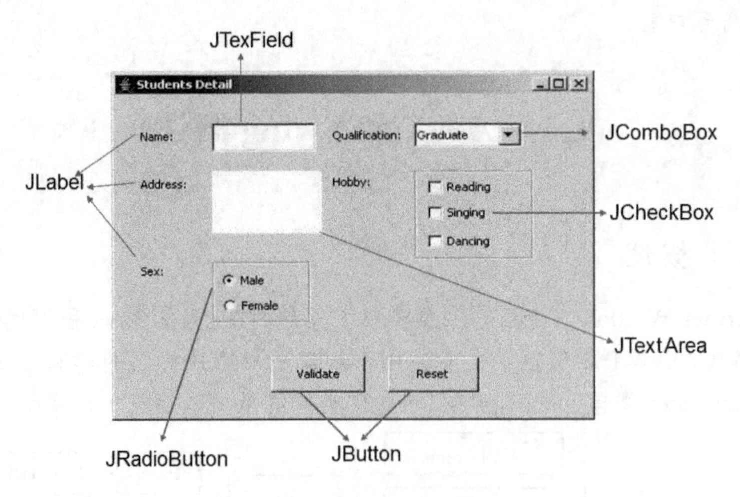

图 9-2 常用 Swing 控件的外观

一个 Swing 的应用程序包含顶层容器,顶层容器包含与之关联的内容面板,所有的 Swing 组件都必须添加到内容面板上。可以通过以下两种方式将 Swing 组件添加到内容面板上:

(1) 通过 getContentPane()方法获得内容面板,再对其添加组件。

(2) 创建一个普通容器,将组件添加其中,再通过 setContentPane()方法将该容器设置为内容面板。

9.1.3 AWT与Swing的区别

(1) Swing组件是由Java语言实现的，属于轻量级组件，不需要本地代码。这是Swing组件和AWT组件最大的区别。因为不需要语言的翻译，Swing组件比AWT组件的效率要高。Swing组件的外观不依赖于平台。因此目前基本上都使用Swing组件进行界面开发。

(2) Swing是AWT的扩展。Swing组件都以"J"开头，除了有与AWT组件类似的按钮(JButton)、标签(JLabel)等基本组件外，还增加了一个高层组件集合，如表格(JTable)、树(JTree)。

9.2 事件处理

9.2.1 事件

Java的图形用户界面是事件驱动的，即当用户与图形用户界面交互时会触发一个系统预定义的事件，比如鼠标的单击、鼠标滚轮的滚动、选择框中更改选择项等。Java中的事件通过事件类进行描述，这些事件类位于java.awt.event和javax.swing.event包中，从java.util.EventObject类进行扩展。图9-3说明了java.awt.event包中事件类的层次关系。

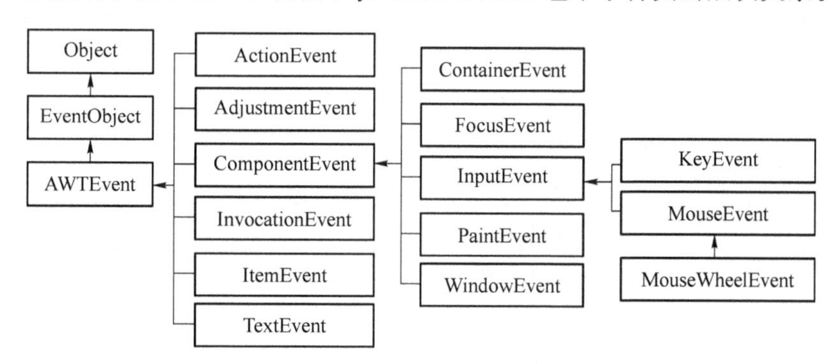

图9-3 java.awt.event包中事件类的层次关系

Java中的事件可以分为两类。

(1) 低级事件：基于组件和容器的事件，如鼠标的进入、点击、拖放等，或组件的窗口开关等。具体的事件类为ComponentEvent、ContainerEvent、WindowEvent、FocusEvent、KeyEvent、MouseEvent。

(2) 高级事件：基于语义的事件，它不和特定的动作相关联，而依赖于触发此事件的类。如TextField组件中按Enter键会触发ActionEvent事件；滑动滚动条会触发AdjustmentEvent事件；选中项目列表的某一条就会触发ItemEvent事件等。具体的事件类为：ActionEvent、AdjustmentEvent、ItemEvent、TextEvent。

9.2.2 事件处理模型

Java对事件的处理采用授权的事件模型，也称为委托事件模型。在这个模型下，每个组件都有相应的事件，如按钮有单击事件、文本框有内容改变事件等。当某个事件被触发后，组件就会将事件发送给组件注册的每一个事件监听器，事件监听器中定义了与事件相对应的事件处理。Java 中的事件处理模型涉及三类对象。

(1) 事件(Event)：描述了事件的相关信息。

(2) 事件源(Event Source)：事件的产生者，通常是图形用户界面中的各个组件。

(3) 事件监听器(Event Listener)：事件发生时系统自动生成事件并自动传递到适当的事件监听器，事件监听器会根据不同的事件信息调用不同的事件处理者进行事件处理。

Java 中预定义了很多事件监听接口，每个事件监听接口定义了若干个抽象方法，每个抽象方法专门处理某个具体的事件。因此，每个事件监听接口提供了对一个或者多个事件的监听，对应到该接口中的一个或者多个抽象方法。在使用时，程序员首先挑出感兴趣的事件，接着找到处理这些事件的事件监听接口，然后创建实现事件监听接口的类，并生成类的对象，也就是事件监听器，用以对某一组件的监听。在实现这些接口时我们需要实现所有抽象方法，每个抽象方法的实现代码对应了对该事件的处理。

Java 中的事件监听接口位于 java. awt. event 和 javax. swing. event 包中，都继承自 java. util. EventListener 接口。java. awt. event 包中的事件监听接口如表 9-1 所示。

表 9-1　java. awt. event 包中的事件监听接口

事件监听接口	接口描述
ActionListener	监听 ActionEvent
AdjustmentListener	监听 AdjustmentEvent
ComponentListener	监听 ComponentEvent
ContainerListener	监听 ContainerEvent
FocusListener	监听 FocusEvent
InputMethodListener	监听 InputEvent
ItemListener	监听 ItemEvent
KeyListener	监听 KeyEvent
MouseListener	监听 MouseEvent
MouseMotionListener	监听 MouseMotionEvent
MouseWheelListener	监听 MouseWheelEvent
TextListener	监听 TextEvent
WindowFocusListener	监听 WindowEvent 中的 WINDOW_GAINED_FOCUS、WINDOW_LOST_FOCUS 事件
WindowStateListener	监听 WindowEvent 中的 WINDOW_STATE_CHANGED 事件
WindowListener	监听 WindowEvent，除了 WindowFocusListerner 和 WindowStateListener 监听的三个事件

9.2.3　事件处理的实现

事件处理主要通过以下两种方式进行实现：

1. 使用事件监听接口实现事件处理

当通过事件监听接口实现事件处理时，必须完成两个工作：

(1) 创建实现事件监听接口的类,并实现事件监听接口中的所有抽象方法;

(2) 生成上述类的对象,为组件注册事件监听器。

以按钮(JButton)的单击事件为例,按钮的单击事件对应为 ActionEvent,需要 ActionListener 接口进行事件处理,上述工作对应的代码为

```
(1) class ButtonHandler implements ActionListener{
            public void actionPerformed(ActionEvent ae) {
            //事件处理代码  }
    }
(2) JButton btn = new JButton("OK");
    btn.addActionListener(newButtonHandler());
```

对于组件,可以使用以下两个方法实现事件监听器的添加和注销。

(1) public void add<ListenerType>(<ListenerType> listener)   //添加事件监听器

(2) public void remove<ListenerType>(<ListenerType> listener) //注销事件监听器

【例 9-1】 键盘监听器 KeyListener 示例。

该程序主要监听用户在键盘上的操作,并将用户的操作信息及时显示出来。因为 KeyListener 里面有三个抽象方法,因此需要实现这三个方法。

```
import java.awt.event.KeyEvent;
import java.awt.event.KeyListener;
import javax.swing.JFrame;
public class KeyboardEventDemo extends JFrame implements KeyListener {
    private static final long serialVersionUID = 1L;
    public static void main(String[] args) {
        KeyboardEventDemo myFrame = new KeyboardEventDemo();
        myFrame.addKeyListener(myFrame);
        myFrame.setVisible(true);
    }
    //重写 keyPressed 方法实现对用户按下鼠标键事件的监听
    public void keyPressed(KeyEvent e) {
        System.out.println("键盘按下" + e.getKeyChar() + "键");
    }
    //重写 keyReleased 方法实现对用户松开鼠标键事件的监听
    public void keyReleased(KeyEvent e) {
        System.out.println("键盘" + e.getKeyChar() + "键被松开");
    }
    //重写 keyTyped 方法实现对用户键盘输入事件的监听
    public void keyTyped(KeyEvent e) {
        System.out.println("键盘输入" + e.getKeyChar() + "键");
    }
}
```

程序运行时依次按下 f 键和 k 键，程序运行结果如图 9-4 所示。

```
E:\javaExamples>java KeyboardEventDemo
键盘按下f键
键盘输入f键
键盘f键被松开
键盘按下k键
键盘输入k键
键盘k键被松开
```

图 9-4　例 9-1 程序运行结果

2. 使用适配器类实现事件的处理

Java 的许多事件监听接口中含有多个抽象方法，如 KeyListener、MouseListener 等，在实现这些接口时必须实现接口中的所有方法。但有的时候程序只关注其中的部分抽象方法，而不需要实现接口中的所有方法。例如，一个程序可能只需要实现 KeyListener 接口中的 keyPressed 处理方法，而不需要实现 keyReleased、keyTyped 处理方法。为此，对于包含多个抽象方法的事件监听接口，Java 中提供了事件适配器类，这些类位于 java. awt. event 和 javax. swing. event 包中。一个适配器类是实现了一个事件监听接口的抽象类，为该事件监听接口中的所有方法提供了默认实现(空方法体)。通过适配器类来实现事件处理可以直接通过继承或者内部类来实现，缩短程序代码。

java. awt. event 包中包含以下七个适配器类。

(1) ComponentAdapter：实现 ComponentListener。

(2) ContainerAdapter：实现 ContainerListener。

(3) FocusAdapter：实现 FocusListener。

(4) KeyAdapter：实现 KeyListener。

(5) MouseAdapter：实现 MouseListener、MouseWheelListener、MouseMotionListener。

(6) MouseMotionAdapter：实现 MouseMotionListener。

(7) WindowAdapter：实现 WindowListener，WindowStateListener，WindowFocusListener。

【例 9-2】 键盘适配器 KeyAdapter 示例。

对于例 9-1，程序仅仅关注用户按下的按键，使用适配器类实现这一功能。

```
import java.awt.event.*;
  import javax.swing.*;
  public classKeyboardEventDemo extends JFrame {
      private static final long serialVersionUID = 1L;
      public static void main(String[] args) {
          KeyboardEventDemo myFrame = new KeyboardEventDemo ();
          myFrame.addKeyListener(new KeyAdapter(){
            //重写 keyPressed 方法实现对用户按下鼠标键事件的监听
              public void keyPressed(KeyEvent e) {
                  System.out.println("键盘按下" + e.getKeyChar() + "键");
              }
          });
          myFrame.setVisible(true);
      }
  }
```

上述代码使用了内部类来扩展 KeyAdapter 适配器类，该内部类中重写了 KeyAdapter 类的 keyPressed 方法，在该方法中捕获键盘按下的键。程序运行时依次按下"j""k""r""t"按键，运行结果如图 9-5 所示。

图 9-5　例 9-2 程序运行结果

9.3 容　　器

Java 中组件不能直接添加到界面上，组件必须添加到容器中。Java 中提供多个容器，我们重点介绍几个常用的容器。

9.3.1 框架 JFrame

JFrame 是一个带有标题栏、缩放角和边框的窗口，是 Swing 组件中的一个，常常作为 Swing 应用程序的顶层容器。通常情况下，一个应用程序往往使用 JFrame 子类的实例作为应用程序的窗口。默认的 JFrame 实例化对象都是没有大小和不可见的，必须调用 setSize()来设置大小，调用 setVisible(true)来设置该窗口为可见的。JFrame 的默认布局管理器是 BorderLayout。

JFrame 类的继承结构如图 9-6 所示。

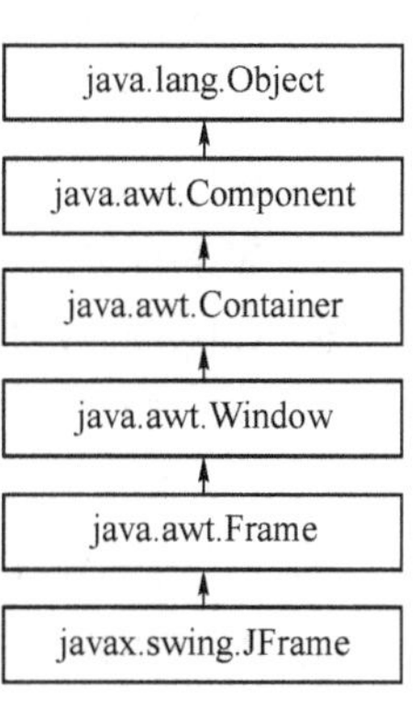

图 9-6　JFrame 类的继承结构

1. 框架对象的创建

JFrame 提供了如下四个构造方法。

(1) JFrame()：创建无标题的初始不可见框架。

(2) JFrame(GraphicsConfiguration gc)：以屏幕设备的指定 GraphicsConfiguration 和空白标题创建一个框架。

(3) JFrame(String title)：创建标题为 title 的初始不可见框架。

(4) JFrame(String title, GraphicsConfiguration gc)：创建一个具有指定标题和指定屏幕设备的 GraphicsConfiguration 的框架。

2. 框架的常见方法

(1) Container getContentPane()：获得内容面板。

(2) voidsetContentPane(Container contentPane)：设置内容面板。

(3) void setJMenuBar(JMenuBar menubar)：设置菜单条。

(4) void setLayout(LayoutManager manager)：设置布局管理器。

(5) void setBackground(Color bgColor)：设置背景色。此方法继承自父类 Frame 类。

(6) void setTitle(String title)：设置标题。此方法继承自父类 Frame 类。

(7) void setResizable(boolean resizable)：设置是否可以调整大小。此方法继承自父类 Frame 类。

(8) void setSize(int width, int height)：以指定的宽度和高度设置大小，单位为像素。此

方法继承自父类 Window 类。

(9) void setVisible(boolean b):设置是否可见。此方法继承自父类 Window 类。

(10) void setDefaultCloseOperation(int operation):设置当用户点击 JFrame 窗口右上角“X”按钮时执行的任务。其中,operation 的值必须指定为以下四个值中的一个。

• WindowConstants. DO_NOTHING_ON_CLOSE:不执行任何操作。要求程序执行已注册的实现 WindowListener 接口的事件监听对象中的 windowClosing()方法来处理该操作。

• WindowConstants. HIDE_ON_CLOSE:在调用已注册的实现 WindowListener 接口的事件监听对象中的方法后自动隐藏该窗体。

• WindowConstants. DISPOSE_ON_CLOSE:在调用已注册的实现 WindowListener 接口的事件监听对象中的方法后自动隐藏并释放该窗体。

• JFrame. EXIT_ON_CLOSE:调用 java. lang. System. exit()方法退出应用程序。

3. 框架事件

用户操作框架时,会产生窗口事件(WindowEvent)和容器事件(ContainerEvent)。容器事件如下:

(1) COMPONENT_ADDED 事件:在框架中添加组件时触发。

(2) COMPONENT_REMOVED 事件:在框架中删除组件时触发。

注:以上事件通过实现 ContainerListener 接口的事件监听器进行监听。

窗口事件如下:

(1) WINDOW_ACTIVATED 事件:将窗口设置为活动窗口时触发。

(2) WINDOW_CLOSED 事件:窗口调用 dispose 而将其关闭时调用。

(3) WINDOW_CLOSING 事件:从窗口的系统菜单中关闭窗口时调用。

(4) WINDOW_DEACTIVATED 事件:当窗口不再活动时调用。

(5) WINDOW_DEICONIFIED 事件:窗口从最小化状态变为正常状态时调用。

(6) WINDOW_ICONIFIED 事件:窗口从正常状态变为最小化状态时调用。

(7) WINDOW_OPENED 事件:窗口首次变为可见时调用。

注:以上事件通过实现 WindowListener 接口的事件监听器进行监听。

(8) WINDOW_GAINED_FOCUS

(9) WINDOW_LOST_FOCUS

注:以上事件通过实现 WindowFocusListener 接口的事件监听器进行监听。

(10) WINDOW_STATE_CHANGED

注:以上事件通过实现 WindowStateListener 接口的事件监听器进行监听。

9.3.2 面板 JPanel

JPanel 是 Swing 中的一个轻量级容器,用于容纳其他的组件和容器作为顶层容器中组成部分,称为中间容器,其主要的作用是实现容器的嵌套。此外,JScrollPane、JSplitPane 和 JToolBar 都属于常用的中间容器,都是从 JComponent 类派生出来的,属于轻量级组件。JPanel 的默认布局管理器是 FlowLayout。

1. JPanel 类的创建

(1) JPanel():创建具有双缓冲和流布局的新的面板对象。

（2）JPanel(boolean isDoubleBuffered)：创建具有流布局和指定缓存策略的新的面板对象。

（3）JPanel(LayoutManager layout)：创建具有指定布局和双缓冲的新的面板对象。

（4）JPanel(LayoutManager layout, boolean isDoubleBuffered)：创建具有指定布局方式和指定缓存策略的新的面板对象。

2. JPanel 类的常用方法

JPanel 类中提供的方法不多，大部分使用的方法都是从它的父类 javax. swing. JComponent 和 java. awt. Container 类中继承过来的。一般来说，在创建了 JPanel 类的对象后要对该对象进行一些属性的设置，这样的方法有以下几种。

（1）void setUI(PanelUI ui)：JPanel 类中的方法，设置该面板的外观。

（2）void setBackground(Color bg)：JComponent 类中的方法，设置面板的背景色。

（3）void setLayout(LayoutManager mgr)：Container 类中的方法，设置面板的布局管理器。

（4）void paintComponent(Graphics g)：在 JComponent 类的子类中进行绘图。调用 repaint() 方法可间接调用 paintComponent()方法重新绘图。

【例 9-3】 JPanel 示例。

程序将在 JFrame 中创建一个 JPanel，添加三个 JButton，并将该 JPanel 添加到 JFrame 的内容面板，在 JFrame 的上方显示出来。

```
import javax.swing.*;
import java.awt.Container;
import java.awt.event.*;
import javax.swing.border.*;
import java.awt.*;
public class MyFrame extends JFrame {
 private JPanel myPanel;
 private JButton btn1,btn2,btn3;
 public static void main(String[] args) {
   MyFrame frm = new MyFrame();
     frm.setTitle("面板程序实例");
     frm.setVisible(true);
   }
   public MyFrame() {
    setDefaultCloseOperation(JFrame.EXIT_ON_CLOSE);
    setBounds(100, 100, 450, 300);
    myPanel = new JPanel();
    myPanel.setBorder(new EmptyBorder(5, 5, 5, 5));
    btn1 = new JButton("One");
    myPanel.add(btn1);
    btn2 = new JButton("Two");
    myPanel.add(btn2);
    btn3 = new JButton("Three");
    myPanel.add(btn3);
```

```
        myPanel.setLayout(new GridLayout(3,1));
        myPanel.setBackground(Color.green);
        Container container = getContentPane();
        container.add(myPanel, BorderLayout.NORTH);
    }
}
```

程序运行结果如图 9-7 所示。

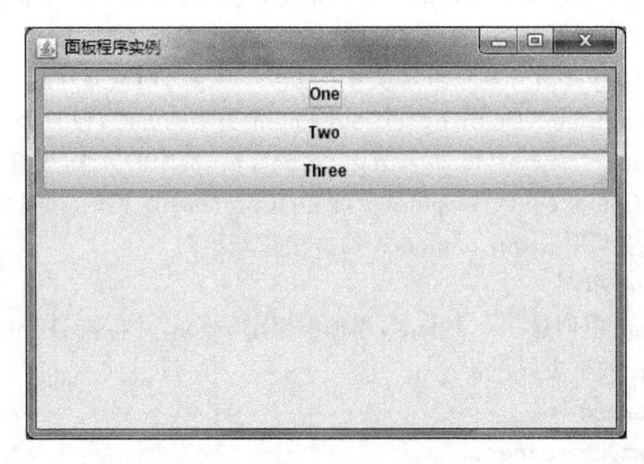

图 9-7　JPanel 示例运行结果

9.3.3　对话框 JDialog

对话框是从视窗弹出的另一个具有标题和边界的窗口，以便接收用户的输入。它的目的是处理一些具体问题，同时又不会使这些具体细节与原先的窗口混淆在一起。

如果要创建一个自定义的对话框，必须继承 JDialog 类。JDialog 类是 java.awt.Dialog 类的子类，在 javax.swing 包中。JDialog 的默认布局管理器是 BorderLayout。此外，Java 中还提供了预定义的对话框，如文件对话框、颜色选择对话框、消息对话框和确认对话框等。

对话框必须依赖于某个窗口或组件，当它所依赖的窗口或组件消失时，对话框也消失。当它所依赖的窗口或组件可见时，对话框会自动恢复。

对话框可以分为两类：有模式对话框和无模式对话框。有模式对话框是指当对话框显示时，窗体不能再获得焦点，也不能使对话框所依赖的窗体中的组件被激活，而且将阻塞其他线程的执行。无模式对话框是指当对话框处于激活态时，对话框所依赖的窗体以及其中的组件依然可以被激活，获得焦点，而且不会阻塞其他线程的执行。

1. 文件选择对话框

文件对话框使用 JFileChooser 类进行创建，可以指定打开时显示的当前文件路径和文件视图模式。JFileChooser 类常用的构造方法如下。

(1) JFileChooser()：创建一个指向默认路径的文件选择对话框。

(2) public JFileChooser(String currentDirectoryPath)：创建一个指向指定路径的文件选择对话框。

创建好 JFileChooser 对象后，可以通过 setFileFilter(FileFilter filter)方法设置文件的后缀名；

通过 setSelectedFile(File file)设置默认的选中文件等。然后,可以调用以下方法打开对话框。

(1) int showDialog(Component parent, String approveButtonText):弹出一个具有自定义 approve 按钮的自定义文件选择对话框。如图 9-8(1)所示,其中标题的“确认”和按钮“确认”中的内容由用户自行定义。

(2) int showOpenDialog(Component parent):弹出一个打开文件选择对话框。如图 9-8(2)所示。

(3) int showSaveDialog(Component parent):弹出一个保存文件选择对话框。如图 9-8(3)所示。

打开对话框后,可以通过调用 File getCurrentDirectory()方法获取用户选中的路径;通过调用 File getSelectedFile()方法获取用户选中的单一文件;通过调用 File[] getSelectedFiles()方法获取用户选中的多个文件。

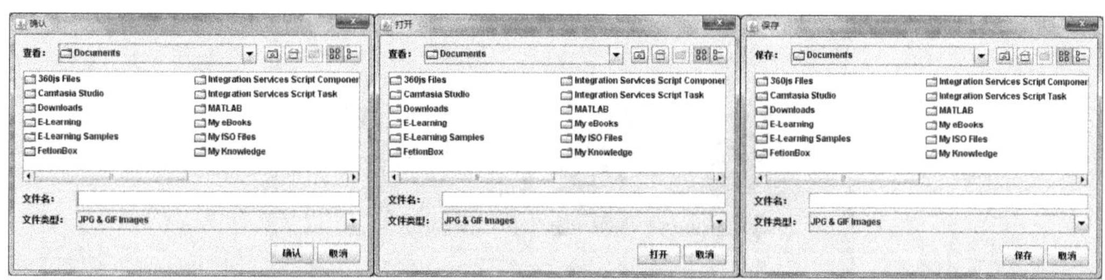

(1)自定义文件选择对话框　　(2)打开文件对话框　　(3)保存文件对话框

图 9-8　打开对话框方式

【例 9-4】 JFileChooser 使用示例。

```
import javax.swing.filechooser.*;
import javax.swing.*;
public class test {
    public static void main(String[] args){
        JFileChooser chooser = new JFileChooser();
        FileNameExtensionFilter filter = new FileNameExtensionFilter("JPG & GIF Images",
"jpg", "gif");
        chooser.setFileFilter(filter);
        int returnVal = chooser.showOpenDialog(null);
        if(returnVal == JFileChooser.APPROVE_OPTION) {
        System.out.println("You chose to open this file: " +
                        chooser.getSelectedFile().getName());
            }
    }
}
```

上述代码运行时将弹出打开文件对话框,在打开文件对话框中选中某一文件后将在控制台窗口中显示“You chose to open this file:”和具体的文件名。

2. 颜色选择对话框

颜色选择对话框提供一个用于允许用户操作和颜色选择的控制器窗格。颜色选择对话框对应的类为 JColorChooser。JColorChooser 构造方法如下。

（1）JColorChooser()：建立一个 JColorChooser 对象，默认颜色为白色。

（2）JColorChooser(Color initialColor)：建立一个 JColorChooser 对象，并设置初始颜色。

（3）JColorChooser(ColorSelectionModel modal)：以 ColorSelectionModel 构造 JColorChooser 对象。

但一般情况下我们并不直接使用 JColorChooser 类的构造方法新建一个 JColorChooser 对象，我们使用 JColorChooser 类的静态方法：

```
public static ColorshowDialog(Component component, String title, Color initialColor)
```

来输出颜色选择对话框。颜色选择对话框如图 9-9 所示。

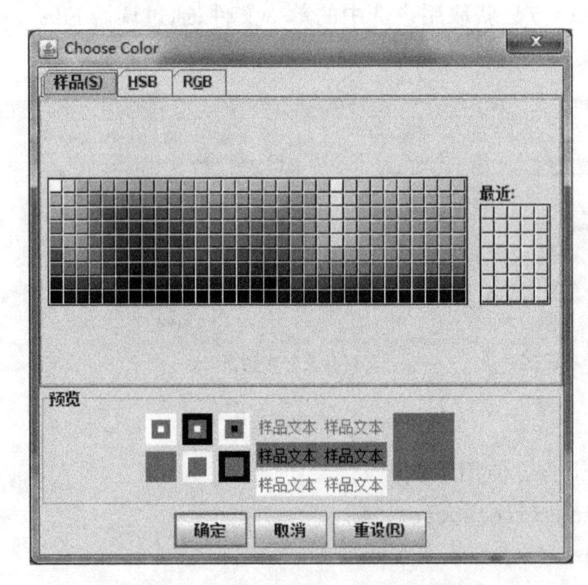

图 9-9 颜色选择对话框

当用户在颜色选择对话框中选中某一个颜色，点击“确定”按钮时，该选中的颜色将作为 showDialog(Component component, String title, Color initialColor)函数的返回值返回，通过获取该函数的返回值就可以得到用户选择的颜色。

【例 9-5】 颜色选择对话框示例。

```
import javax.swing.*;
import java.awt.event.*;
import java.awt.*;
public class test {
        public static void main(String[] args) {
                JFrame frame = new JFrame("JColorChooserDemo");
                MyPanel panel = new MyPanel();
                frame.getContentPane().add(panel);
                frame.pack();  //设置 JFrame 的最优尺寸
                frame.setLocation(400, 300);
                frame.setVisible(true);
```

```
            frame.setDefaultCloseOperation(JFrame.EXIT_ON_CLOSE);
        }
}
class MyPanel extends JPanel implements ActionListener {
        private static final long serialVersionUID = 1L;
        private JButton button,rgb,red,green,blue;
        private Color color = new Color(255, 255, 150);
        public MyPanel() {
            button = new JButton("Get Color");
            rgb = new JButton("RGB: ");
            red = new JButton("Red: ");
            green = new JButton("Green: ");
            blue = new JButton("Blue: ");
            button.addActionListener(this);
            setPreferredSize(new Dimension(300, 200));
            setLayout(new FlowLayout(FlowLayout.CENTER));
            setBackground(color);
            add(button);add(rgb);add(red);add(green);add(blue);
}
public void actionPerformed(ActionEvent e) {
        color = JColorChooser.showDialog(this, "Choose Color", color);
        if (color != null) {
            setBackground(color);
            button.setText("Get again");
            rgb.setText("RGB: " + color.getRGB());
            red.setText("Red: " + color.getRed());
            green.setText("Green: " + color.getGreen());
            blue.setText("Blue: " + color.getBlue());
        }
    }
}
```

程序运行结果如图 9-10 所示。

3. 消息对话框

消息对话框是有模式对话框，可以调用 javax.swing 包中的 JOptionPane 类的静态方法进行创建。该静态方法的原型为

```
public static void showMessageDialog(
            Component parentComponent, //对话框依赖的组件
            Object message,            //对话框上显示的消息
```

```
            String title,              //对话框的标题
            int messageType);          //对话框的外观
```

其中对话框外观的类型包含五种。

(1) JOptionPane. INFORMATION_MESSAGE:普通消息。

(2) JOptionPane. WARNING_MESSAGE:警告消息。

(3) JOptionPane. ERROR_MESSAGE:错误消息。

(4) JOptionPane. QUESTION_MESSAGE:疑问消息。

(5) JOptionPane. PLAIN_MESSAGE:不显示消息图标。

语句 JOptionPane. showMessageDialog(null,"消息""消息对话框",JOptionPane. INFORMATION_MESSAGE);的执行结果如图 9-11 所示。

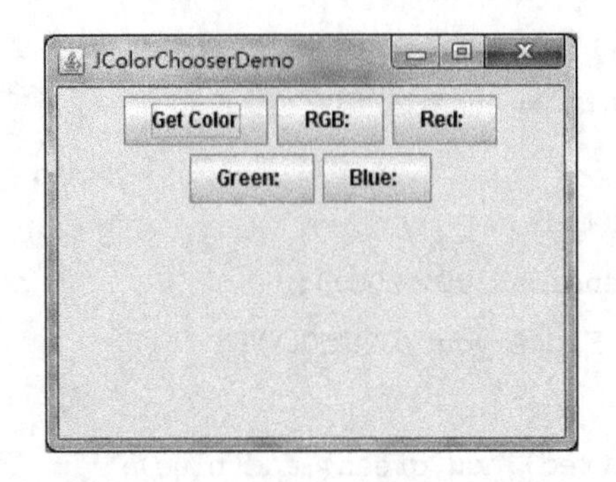

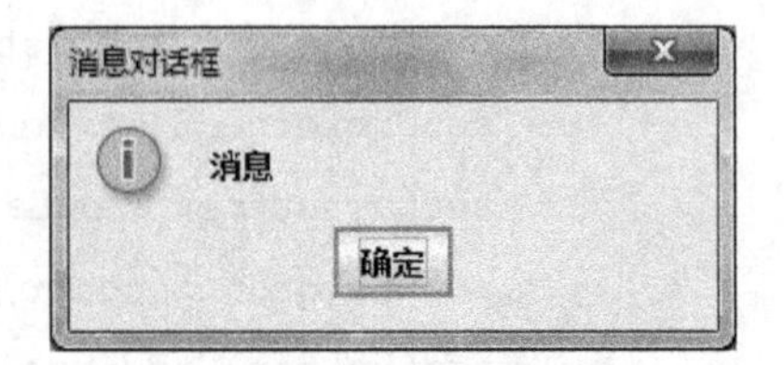

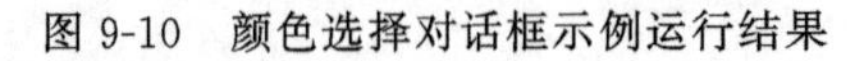
图 9-10　颜色选择对话框示例运行结果

图 9-11　消息对话框示例

4. 确认对话框

确认对话框是有模式对话框,可以调用 javax. swing 包中的 JOptionPane 类的静态方法进行创建。该静态方法的原型为

```
public static int showConfirmDialog(
            Component parentComponent, //对话框所依赖的组件
            Object message,            //对话框上显示的消息
            String title,              //对话框的标题
            intoptionType);            //对话框的外观
```

其中,确认对话框的外观包含四种。

(1) JOptionPane. DEFAULT_OPTION:具有默认选项。

(2) JOptionPane. YES_NO_OPTION:具有 YES 和 NO 两个选项。

(3) JOptionPane. YES_NO_CANCEL_OPTION:具有 YES、NO 和 CANCEL 三个选项。

(4) JOptionPane. OK_CANCEL_OPTION:具有 OK、CANCEL 两个选项。

当对话框消失后,showConfirmDialog 方法会返回下列整数之一。

(1) JOptionPane. YES_OPTION:选中 YES 选项。

(2) JOptionPane. NO_OPTION:选中 NO 选项。

(3) JOptionPane. CANCEL_OPTION:选中 CANCEL 选项。

(4) JOptionPane. OK_OPTION:选中 OK 选项。

(5) JOptionPane. CLOSED_OPTION:没有选择,直接关闭。

语句 JOptionPane.showConfirmDialog(null, "Are you sure to delete the file?", "Confirmation", JOptionPane.YES_NO_OPTION);的运行结果如图 9-12 所示。

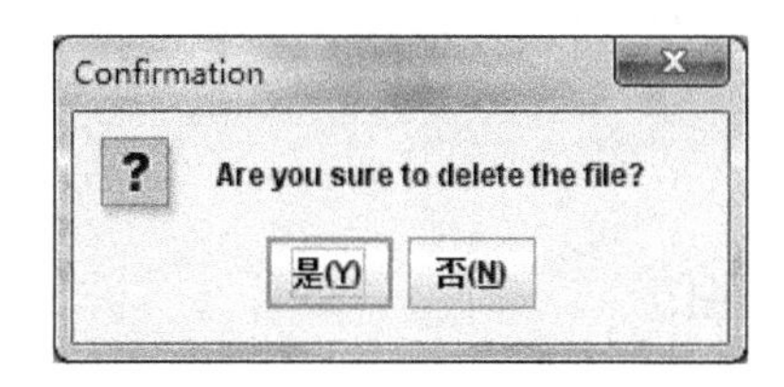

图 9-12　确认对话框

此外,JOptionPane 类中还提供了 showInputDialog()方法显示输入对话框以便接收用户的输入。

9.4　文本组件

9.4.1　标签 JLabel

标签是用户不能修改只能查看内容的文本显示区域,起到信息显示的作用,既可以显示文本也可以显示图像。它对应的类是 javax.swing.JLabel,继承自 javax.swing.JComponent 类。

通常我们使用 JLabel 类的构造方法来创建一个具体的标签。JLabel 类的构造方法如下。

(1) JLabel():创建一个默认的标签,没有文本和图像信息。

(2) JLabel(String text):以指定的文本创建标签。

(3) JLabel(Icon image):以指定的图像创建标签。

(4) JLabel(String text, Icon icon, int horizontalAlignment):以指定的文本、图像和水平对齐方式创建标签。horizontalAlignment 的值是 javax.swing.SwingConstants 接口中的静态常量之一,如 BOTTOM、CENTER、EAST 等。

对于标签来说,我们关注的是标签显示的内容,以及以什么样的形式进行显示。因此,在标签对象创建之后,我们可以通过如下方法设置该标签的属性。

(1) void setIcon(Icon icon):设置标签中显示的图像。

(2) void setText(String text):设置标签中显示的文本信息。

(3) void setBackground(Color bg):设置标签的背景色。

(4) void setFont(Font font):设置标签中显示的文本的字体。

(5) void setForeground(Color fg):设置标签中显示的文本的颜色。

(6) void setVisible(boolean aFlag):设置标签是否可见。

(7) void setSize(Dimension d):设置标签的大小。

(8) void setLocation(int x, int y):设置标签的位置。

我们也可以通过如下方法来获取标签中设置的属性。

(1) IcongetIcon():获取标签中的图像信息。

(2) String getText():获取标签中的文本信息。

例如，在容器 container 中创建一个显示内容为“Welcome”并且隐藏起来的标签的具体语句如下：

```
JLabel label = new JLabel("Welcome");
label.setVisible(false);
container.add(label);
```

9.4.2 文本框 JTextField

JTextField 是单行的文本框，允许用户输入单行文本并显示。JTextField 类位于 javax.swing 包中，继承自 javax.swing.text.JTextComponent 类。

JTextField 类常用的构造方法如下几种。

(1) JTextField()：创建一个空文本框。

(2) JTextField(int columns)：创建一个具有指定列宽的空文本框。

(3) JTextField(String text)：创建一个具有指定内容的文本框。

9.4.3 密码框 JPasswordField

JPasswordField 也是单行的文本框，允许用户输入单行文本并使用指定的字符回显用户的输入，JPasswordField 又称密码框。JPasswordField 类同样位于 javax.swing 包中，继承自 javax.swing.JTextField 类。因此，JPasswordField 和 JTextField 类具有很多相似之处。JPasswordField 类的构造方法与 JTextField 类的构造方法类似，这里不再赘述。

JPasswordField 的常用方法有以下三种。

(1) boolean echoCharIsSet()：判断是否设置回显字符。

(2) void setEchoChar(char c)和 char getEchoChar()：设置和获取回显字符。

(3) char[] getPassword()：获取用户输入的密码。

JTextComponent 类常用的方法如下。

(1) String getSelectedText()：返回 TextComponent 中的选中文本。

(2) int getSelectionStart()：返回 TextComponent 中选中文本的起始位置。

(3) int getSelectionEnd()：返回 TextComponent 中选中文本的结束位置。

(4) boolean isEditable()：返回 TextComponent 是否可以编辑。

9.4.4 文本域 JTextArea

JTextArea 提供多行文本输入和显示区域，该文本区域只能显示纯文本信息。JTextArea 往往利用 JScrollPane 滚动条面板提供内容的水平或垂直方向滚动。JTextArea 位于 javax.swing 包中，继承自 javax.swing.text.JTextComponent 类。

JTextArea 类常用的构造方法如下三种。

(1) JTextArea ()：创建一个空的 JTextArea 实例。

(2) JTextArea(int rows, int columns)：创建一个具有指定行数和列数的空的 JTextArea 实例。

(3) JTextArea(String text)：创建一个具有指定内容的 JTextArea 实例。

JTextArea 类常用的方法有如下两种。

(1) voidappend(String str):将指定内容追加到文本域已有内容的后面。

(2) voidinsert(String str, int pos):在指定的位置插入指定的内容到文本域中。

9.4.5 富文本 JTextPane

JTextPane 是 Java swing 组件中的一个,提供即时编辑文本的功能,如改变颜色、字体缩放、文字风格、加入图片等。JTextPane 位于 javax. swing 包中,是 javax. swing. text. JTextComponent 的子类。

JTextPane 的构造方法如下两种。

(1) JTextPane():建立一个新的 JTextPane。

(2) JTextPane(StyledDocument doc):以指定的文件模式建立一个新的 JTextPane。

JTextPane 类中提供了 void insertComponent(Component c)和 voidinsertIcon(Icon g)方法实现在 JTextPane 中插入组件或图像。如果要编辑文本的属性,可以使用 javax. swing. text 包中的 SimpleAttributeSet 类和 StyleConstant 类来实现。其中 SimpleAttributeSet 类代表属性的集合,可以向其中添加多个属性。而 StyleConstant 类则利用属性集合中的属性对内容进行设置。具体代码如下:

```
JTextPane textPane = new JTextPane();
SimpleAttributeSet attrset = new SimpleAttributeSet();
StyleConstants.setForeground(attrset, Color.red);
StyleConstants.setBold(attrset, true);
Document docs = textPane.getDocument();
docs.insertString(docs.getLength(),"to insert words",attrset);
```

上述代码可以将文本“to insert words”插入到 JTextPane 中,并设置该文本的属性为红色字体和粗体。

9.4.6 文本组件的事件处理

文本组件中除了 JLabel 是显示信息的,不存在与用户的交互之外,其余的组件都能够接收用户的输入,需要响应用户的操作。因为 JTextField、JPasswordField、JTextArea、JTextPane 都是 java. awt. Component 的派生类,因此都能响应 java. awt. Component 类的事件,如 ComponentEvent、FocusEvent、KeyEvent、MouseEvent、MouseWheelEvent 等。此外,JTextField 还可以响应 ActionEvent 事件,通过 addActionListener(ActionListener l)注册该事件的监听器。

9.5 选择组件

9.5.1 按钮 JButton

JButton 即命令按钮,是 Java Swing 中一个组件。当用户在该组件上点击时将产生动作事件 ActionEvent,以触发特定的动作代码,从而执行相应的功能。Swing 组件中 JButton 支持文本显示，也支持图像显示，或者两者兼有。JButton 位于 javax.swing 包中。

JButton 类常用的构造方法如下四种。

(1) JButton：创建不带文本和图标的按钮。

(2) JButton(Icon icon)：创建带图标的按钮。

(3) JButton(String text)：创建带文本的按钮。

(4) JButton(String text, Icon icon)：创建带文本和图标的按钮。

JButton 对象常用的方法如下两种。

(1) setRolloverIcon(Icon img)：设置鼠标经过时显示的图标。

(2) setSelectedIcon(Icon img)：设置选择按钮时显示的图标。

当用户点击按钮时会触发 ActionEvent 事件，如果希望程序能响应用户的点击操作，需要给按钮添加实现 ActionListener 接口的事件监听器，实现 ActionListener 接口中的 actionPerformed(ActionEvent e)方法，该方法的代码就是对用户的响应。

9.5.2 复选框 JCheckBox

JCheckBox 又称复选框，包含选择区域和文字区域。JCheckBox 提供两种状态给用户选择：选中和未选中。在一组复选框中，可以同时选中多个复选框。JCheckBox 位于 javax.swing 包中。

JCheckBox 类常用的构造方法如下五种。

(1) JCheckBox()：创建一个不带文本或图标，初始状态未选中的复选框。

(2) JCheckBox(String text)：创建一个具有指定文本，初始状态未选中的复选框。

(3) JCheckBox(Icon icon)：创建一个具有指定图标，初始状态未选中的复选框。

(4) JCheckBox(String text, boolean selected)：创建一个具有指定文本和指定初始状态的复选框。

(5) JCheckBox(Icon icon, boolean selected)：创建一个具有指定图标和指定初始状态的复选框。

9.5.3 单选框 JRadioButton 和单项按钮组 ButtonGroup

JRadioButton 称为单选框，与复选框一样，包含选择区域和文字区域。JRadioButton 提供两种状态给用户选择：选中和未选中。在一组单选框中，只能选择其中一个单选框。要能够实现这样一组单选框，需要配合使用 ButtonGroup(单选按钮组)。通过 ButtonGroup 将多个 JRadioButton 构成逻辑上的组。实现时创建 ButtonGroup 类的对象，将多个 JRadioButton 添加其中就可以了。但 ButtonGroup 构建的是逻辑组，而不是物理组。因此，添加到内容面板中的是 JRadioButton 而不是 ButtonGroup。JRadioButton 位于 javax.swing 包中。

JRadioButton 类常用的构造方法与 JCheckBox 类的构造方法类似，这里不再赘述。

当用户单击复选框或者单选框时会引起它们状态的改变，这时触发 ItemEvent 事件。如果希望程序能够响应这一事件，需要给复选框或者单选框添加实现 ItemListener 接口的事件监听器，实现 ItemListener 接口中的 void itemStateChanged(ItemEvent e)方法，该方法的代码就是对用户的响应。通过 e.getStateChange()方法可以获得当前复选框或者单选框的状态值，值是 ItemEvent.SELECTED 和 ItemEvent.DESELECTED 两者之一。通过 e.getItem()方法可以获得复选框或者单选框的引用。

9.5.4 组合框 JComboBox

JComboBox 称为组合框，又称下拉菜单。用户可以从下拉菜单列表中选择一个值并显示出来。如果组合框处于可编辑状态，组合框将包括用户可在其中键入值的可编辑字段。组合框使用 JComboBox<E>类，位于 javax. swing 包中。

JComboBox 类常用的构造方法如下三种。

(1) JComboBox()：创建一个具有默认数据模型的 JComboBox 实例。

(2) JComboBox(ComboBoxModel<E> aModel)：创建一个具有指定数据模型的 JComboBox 实例。

(3) JComboBox(E[] items)：创建一个具有指定数组中元素的 JComboBox 实例。

JComboBox 对象的常用方法如下六种。

(1) void addItem(E item)：将具体项添加到组合框的列表中。

(2) E getItemAt(int index)：返回组合框中指定索引位置的列表项。

(3) int getItemCount()：返回组合框中列表项的数目。

(4) int getSelectedIndex()：返回组合框中当前选择项的索引位置。

(5) Object getSelectedItem()：返回组合框中当前选择的项。

(6) void setEditable(boolean aFlag)：设置组合框字段是否可以编辑。

当用户单击组合框时会触发 ItemEvent 事件。如果希望程序能够响应这一事件，需要给组合框添加实现 ItemListener 接口的事件监听器，实现 ItemListener 接口中的 void itemStateChanged(ItemEvent e)方法，该方法的代码就是对用户的响应。通过 e. getItem()方法可以获得触发该事件的列表项。

要创建一个具有三个选项的组合框代码如下：

```
JFrame frame = new JFrame("JComboBoxDemo");
MyPanel panel = new MyPanel();
frame.setVisible(true);
String[] names = {"yello","green","blue"};
JComboBox jcb = new JComboBox(names);
panel.add(jcb);
frame.getContentPane().add(panel);
frame.pack();
```

上述代码运行结果如图 9-13(1)所示，当点击下拉箭头时会弹出下拉列表，具体如图 9-13(2)所示。

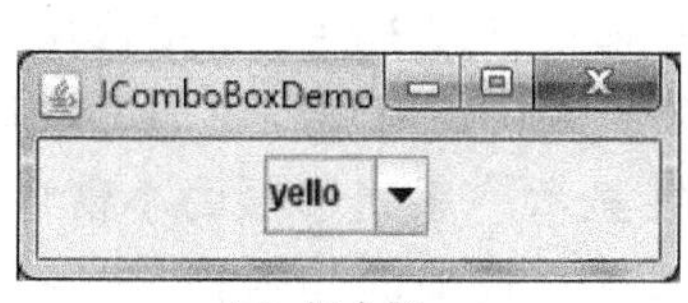

(1) 组合框

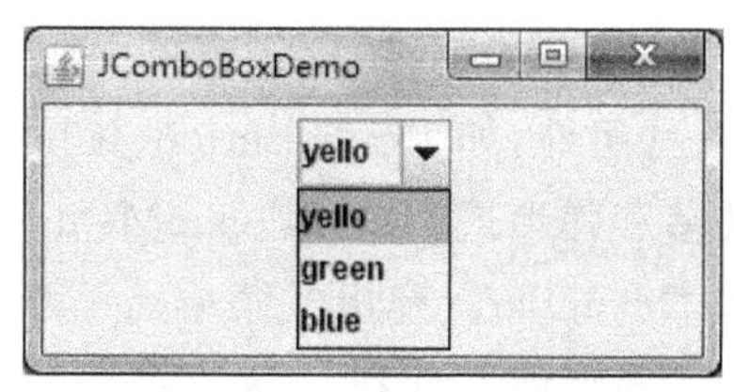

(2) 组合框的下拉列表项

图 9-13

9.5.5 列表 JList

JList 称为列表,允许用户从列表中选择一个或选择多个项。JList 不支持直接滚动。要创建一个带滚动条的列表,需要将一个 JList 加入到 JScrollPane 对象中。列表对应的类为 JList<E>,位于 javax.swing 中。

JList 类常用的构造方法如下。

(1) JList():创建一个内容为空,只读的列表。

(2) JList(E[] listData):创建一个内容为指定数组中元素的列表。

JList 对象的常用方法如下。

(1) int getSelectIndex():获得被选中的第一个列表项的索引。

(2) E getSelectedValue():获得被选中的第一个列表项的值。

(3) int[] getSelectIndexes():获得被选中的一组列表项的索引集合。

(4) Object[] getSelectedValues():获得被选中的一组列表项的值。

(5) void setSelectionMode(int selectionMode):设置选择模式是单选还是多选。

selectionMode 的值如下几种。

- ListSelectionModel.SINGLE_SELECTION:一次只能选择一个列表项。
- ListSelectionModel.SINGLE_INTERVAL_SELECTION:一次可以选择多个连续的列表项。
- ListSelectionModel.MULTIPLE_INTERVAL_SELECTION(默认设置):对多个列表项的选择没有限制。

(6) void setListData(E[] listData):列表中的内容设置为 listData。

当列表中选中的项发生变化时将触发 ListSelectionEvent,如果希望程序能够响应这一事件,需要给列表添加实现 ListSelectionListener 接口的事件监听器,实现 ListSelectionListener 接口中的 void valueChanged(ListSelectionEvente)方法,该方法的代码就是对用户的响应。通过 e.getFirstIndex()、e.getLastIndex()等方法可以获得触发该事件的列表项的第一个下标和最后一个下标。

9.6 菜　单

菜单是图形化界面中经常可见的一种控件,将多个组件以一定的层次组织并呈现出来。菜单中可以显示文字、图标。菜单中包含的每一项称之为菜单项,菜单项可以是本章之前介绍的一些组件,如 JRadioButton、JCheckBox 等,也可以为菜单项指定快捷键。菜单有两种:顶层菜单和弹出式菜单(JPopupMenu)。顶层菜单出现在应用程序的主窗口或者顶层窗口中,使用 JMenuBar。弹出式菜单是一个可弹出并显示一系列选项的小窗口,它不固定在菜单栏中,而是能够出现在任意位置。弹出式菜单具有很强的相关性,每一个弹出式菜单都有某一个控件关联。

java.swing 包中菜单相关类的层次关系如图 9-14 中虚线框内所示。

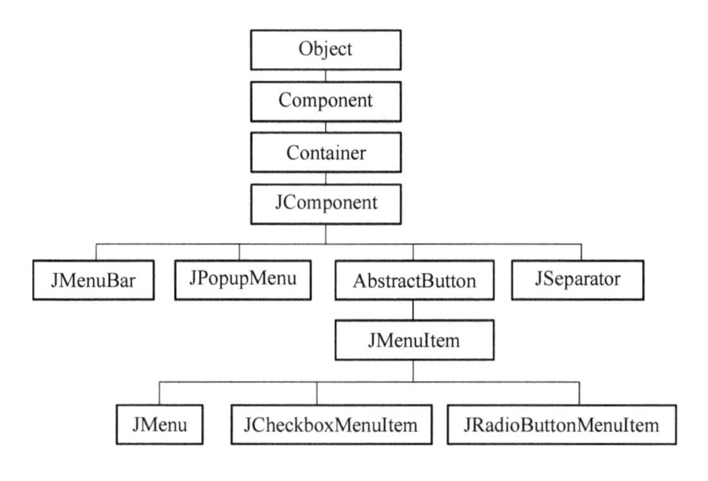

图 9-14　java.swing 包菜单类的类层次结构

9.6.1　顶层菜单

1. 菜单结构

顶层菜单往往位于应用程序的主窗口,每个顶层菜单中包含一个菜单栏,菜单栏中包含一个或者多个菜单,每个菜单中包含一个或者多个菜单项。具体如图 9-15 所示。

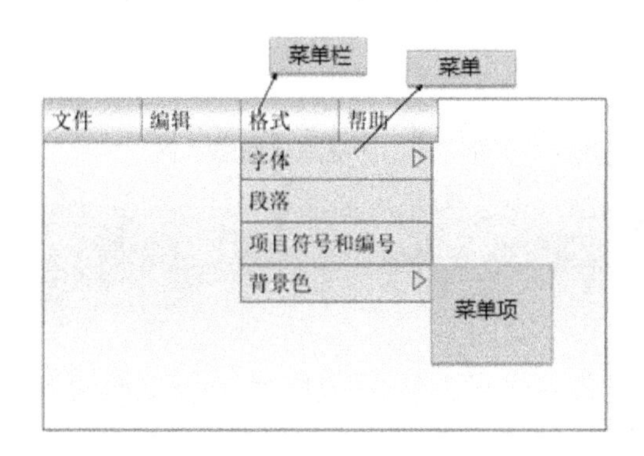

图 9-15　菜单结构示意图

2. JMenuBar 和 JMenu

JMenuBar 称之为菜单栏,作为顶层菜单所有元素的容器。JMenu 称之为菜单,包含于菜单栏中。

创建顶层菜单的步骤如下:

(1) 使用 JMenuBar 类创建一个 JMenuBar 对象。

(2) 使用 add 方法向 JMenuBar 对象中添加一个或者多个 JMenu 对象。

(3) 对每个 JMenu 对象,使用 add 方法向其中添加各种菜单项,包括 JMenuItem、JCheckBoxMenuItem、JRadioButtonMenuItem 等类对象。菜单项的类我们将在 9.6.3 节中阐述。对于创建好的 JMenuBar,可以通过 JFrame、JDialog 或 JApplet 类中的 setJMenuBar (JMenuBar menubar)方法设置为窗体的顶层菜单。

【例 9-6】 顶层菜单示例。

```
import javax.swing. * ;
public class test {
    public static void main(String args[]) {
        JFrame frame = new JFrame("JMenuBarDemo");//创建窗体
        frame.setVisible(true);
        JMenuBar jmb = new JMenuBar();
        frame.setJMenuBar(jmb);
        JMenu jm1 = new JMenu("File");   jmb.add(jm1);
        JMenu jm2 = new JMenu("Edit");   jmb.add(jm2);
        JMenu jm3 = new JMenu("Search"); jmb.add(jm3);
        frame.pack();                              //设置 JFrame 的最优尺寸
    }
}
```

上述代码在一个框架中创建一个顶层菜单，里面添加三个菜单，分别是“File”，“Edit”，“Search”。该示例运行结果如图 9-16 所示。

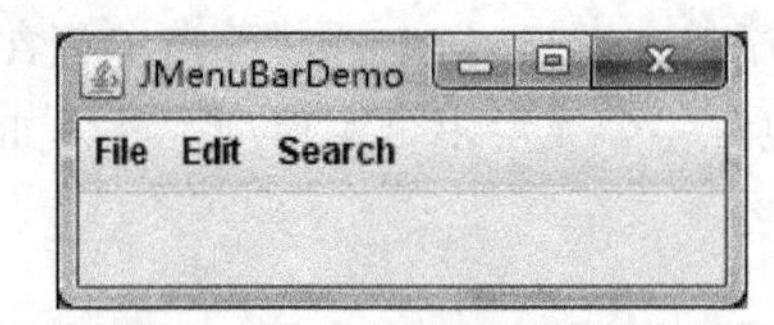

图 9-16 顶层菜单创建示例

9.6.2 弹出式菜单

1. JPopupMenu

JPopupMenu 类用于创建弹出式菜单，该类位于 javax.swing 包中。

弹出式菜单创建步骤：

(1) 使用 JPopupMenu 类的构造方法创建 JPopupMenu 类的对象。

(2) 使用 add 方法和 insert 方法向 JPopupMenu 对象中添加或者插入菜单项，包括 JMenuItem、JCheckBoxMenuItem、JRadioButtonMenuItem 等类对象。菜单项的类我们将在 9.6.3 节中阐述。

(3) 使用 void show(Component invoker, int x, int y)显示弹出式菜单，其中 invoker 就是上面创建的 JPopupMenu 类对象。

但弹出式菜单是在鼠标右键时出现的，因此需要检查所有的 MouseEvent 事件，看是否是弹出式菜单触发器，然后再调用 show 方法。

【例 9-7】 弹出式菜单示例。

```
import javax.swing. * ;
import java.awt.event. * ;
import java.awt. * ;
```

```java
public class test {
    public static void main(String args[]) {
        JFrame frame = new JFrame("JPopupMenuDemo");
        //MyPanel panel = new MyPanel();
        //frame.setLocation(100, 100);
        final JPopupMenu jpm = new JPopupMenu();
        JCheckBoxMenuItem jm1 = new JCheckBoxMenuItem("Bold");
        JCheckBoxMenuItem jm2 = new JCheckBoxMenuItem("Italic");
        jpm.add(jm1);
        jpm.add(jm2);
        frame.addMouseListener(new MouseAdapter(){
        public void mousePressed(MouseEvent event){
            if(event.isPopupTrigger()){
                jpm.show(event.getComponent(), event.getX(), event.getY());
            }
        }
        public void mouseReleased(MouseEvent event){
            if(event.isPopupTrigger()){
                jpm.show(event.getComponent(), event.getX(), event.getY());
            }
        }
        });
        frame.setSize(300, 200);
        frame.setVisible(true);
        frame.setDefaultCloseOperation(JFrame.EXIT_ON_CLOSE);
    }
}
```

上述代码在框架中右键时可以弹出菜单，里面包含两个复选框，用户可以复选框进行选择。运行结果如图 9-17 所示。

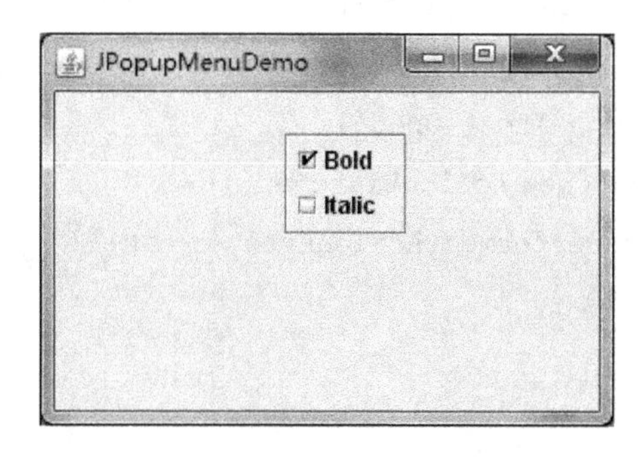

图 9-17　弹出式菜单示例运行结果

9.6.3 菜单项

1. 菜单项类

不管是顶层菜单还是弹出式菜单，都需要添加菜单项，菜单项可以是 JMenuItem、JCheckBoxMenuItem、JRadioButtonMenuItem 等类的对象，也可以是分隔线。JMenuItem 类的父类是 javax. swing. AbstractButton，是出现在菜单中的按钮。JCheckBoxMenuItem 类和 JRadioButtonMenuItem 类是 JMenuItem 类的派生类，其中 JCheckBoxMenuItem 代表菜单中的复选菜单项，具有 JCheckBox 的一切特征。JRadioButtonMenuItem 代表菜单中的单选菜单项，具有 JRadioButton 的一切特征。

分隔线也是菜单项的成员之一，可以将菜单分成若干组，在需要添加分隔线的地方调用 JMenu 类和 JPopupMenu 类的 void addSeparator()方法添加分隔线。例如：

```
JMenu file = new JMenu("File");
file. addSeparator();
```

快捷键和加速键可以提高用户使用菜单的效率。选择菜单项，可以用鼠标进行选择，也可以为菜单项定义一个快捷键，这样就可以用键盘选择菜单项。菜单项定义了快捷键后，会在菜单项标签字符串中与快捷键字母相同的第一个字母上加下画线。此外，也可以给菜单项指定加速键，快捷键和加速键的区别是：快捷键用来从当前打开的菜单中选择一个子菜单或者菜单项，而加速键可以在不打开菜单的情况下选择菜单项。

所有的菜单项类都是 javax. swing. AbstractButton 类的派生类，AbstractButton 类提供了 void setMnemonic(int mnemonic)方法实现快捷键的添加，其中参数 mnemonic 取自 java. awt. event. KeyEvent. VK_XXX 中一个，如果选择的某个 VK 常量与菜单项按钮上的字母一致，该字母会显示下画线，同时按下 Alt 键和该字母，可以快速打开该菜单项。JMenuItem 类中提供了 void setAccelerator(KeyStroke keyStroke)方法实现加速键的添加。例如：

```
JMenuItem open = new JMenuItem("Open");
open. setMnemonic(java.awt.event.KeyEvent.VK_O);   //设置快捷键
open. setAccelerator(KeyStroke.getKeyStroke('O'));  //设置加速键
```

2. 菜单项事件

用户选中菜单项会触发 ActionEvent 事件，可以通过调用菜单项的 addActionListener 方法给菜单项注册实现 ActionListener 接口的事件监听器，实现 actionPerformed 方法。例如：

```
JMenuItem open = new JMenuItem("Open");
open.addActionListener(new ActionListener(){
    public void actionPerformed(ActionEvent event){
        //code here
    }
});
```

9.7 布局管理器

布局管理器用于管理容器中组件的布局方式，每个布局管理器对应 Java 中的一个类。java.awt 包中提供的布局管理器类有 BorderLayout、CardLayout、FlowLayout、GridBagLayout、GridLayout。javax.swing 包中提供的布局管理器类有：BoxLayout、GroupLayout、OverlayLayout、ScrollPaneLayout、SpringLayout 和 ViewportLayout。其中 ScrollPaneLayout 是专门供 JScrollPane 使用的布局管理器，ViewportLayout 是 JViewport 的默认布局管理器。本节重点介绍常用的四个布局管理器：BorderLayout、FlowLayout、GridLayout 和 BoxLayout。其余的布局管理器可以查阅 Java 的官方文档。

9.7.1 BorderLayout

BorderLayout 又称边框布局管理器，使用地理上的五个方向：东、西、南、北、中间来确定组件添加的位置，默认位置是中间。每个方向只能放置一个组件，如果需要将多个组件添加到某个位置时，需要使用容器。JFrame 和 JWindow 的默认布局管理器是 BorderLayout。

BorderLayout 类中提供了五个静态变量来表示五个方向。

(1) BorderLayout.NORTH：北

(2) BorderLayout.SOUTH：南

(3) BorderLayout.EAST：东

(4) BorderLayout.WEST：西

(5) BorderLayout.CENTER：中间

边框布局管理器的布局如图 9-18 所示。

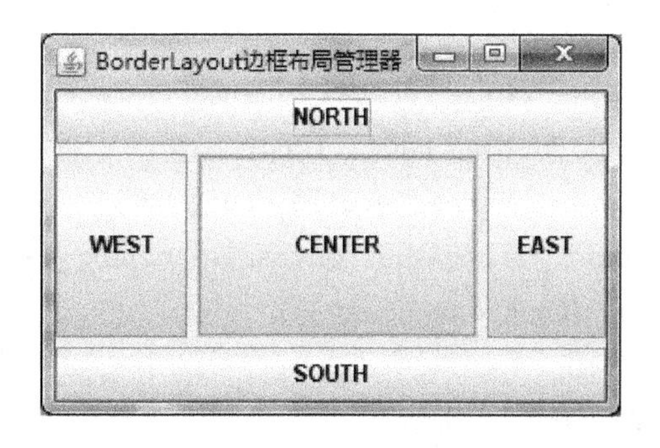

图 9-18　边框布局管理器的布局

使用 Container 类的 void setLayout(LayoutManager mgr)方法可以设置容器的布局管理器。然后可以在指定的方向添加组件到容器中。

例如：

```
Container container = getContentPane();
container.setLayout(new BorderLayout());
container.add(new JButton("NORTH"), BorderLayout.NORTH);
```

9.7.2 FlowLayout

FlowLayout 又称流式布局管理器，按照方向流来安排容器中的组件。其中方向流由容器的 componentOrientation 属性决定，可以通过 setComponentOrientation()方法进行设置，默认的顺序是从左到右，从上到下。JPanel 默认的布局管理器是 FlowLayout。

FlowLayout 允许设置组件的纵横间隔和水平对齐方式。默认情况下，组件的水平和垂直间隔是 5 个单位。水平对齐方式说明每一行的对齐方式，可以设置为以下五个值中的一个。

(1) FlowLayout.LEFT：每一行的组件都是左对齐的。

(2) FlowLayout.RIGHT：每一行的组件都是右对齐的。

(3) FlowLayout.CENTER：每一行的组件都是居中的。

(4) FlowLayout.LEADING：每一行的组件都应该与容器方向的开始边对齐。

(5) FlowLayout.TRAILING：每一行的组件都应该与容器方向的结束边对齐。

FlowLayout 类的构造方法有以下三种。

(1) FlowLayout()：创建一个居中对齐的，水平和垂直间隔是 5 个单位的流式布局。

(2) FlowLayout(int align)：创建一个具有指定对齐方式，水平和垂直间隔是 5 个单位的流式布局。

(3) FlowLayout(int align, int hgap, int vgap)：创建一个具有指定对齐方式，指定水平和垂直间隔的流式布局。

例如，创建五个按钮添加到框架中，设置框架的布局管理器为流式布局管理器，水平对齐方式设为居中。主要代码如下：

```
JFrame frame = new JFrame();
FlowLayout layout = new FlowLayout(FlowLayout.CENTER);
Container container = frame. getContentPane();
container.setLayout(layout);
String names[] = { "One", "Two", "Three", "Four", "Five" };
JButton buttons[] = new JButton[ names.length];
for (int count = 0; count < names.length; count ++ ) {
          buttons[ count ] = new JButton(names[ count ]);
          container.add(buttons[count]);
}
```

流式布局管理器的布局如图 9-19 所示。

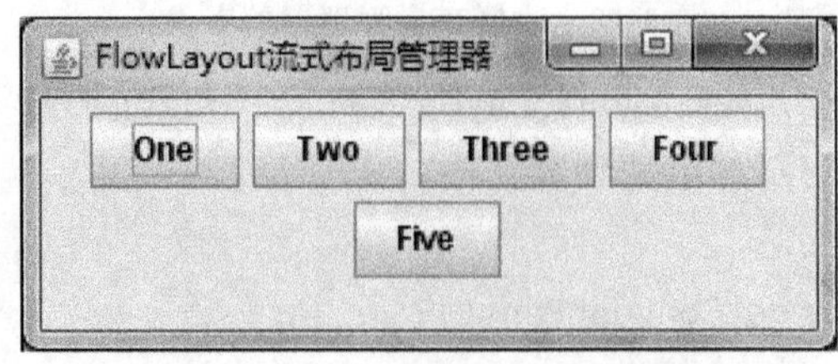

图 9-19　流式布局管理器的布局

9.7.3 GridLayout

GridLayout 又称网格布局管理器，根据行数和列数将容器划分为多个大小相同的网格，将组件依照一定的顺序添加到相应的网格中。添加顺序由容器的 componentOrientation 属性决定，可以通过 setComponentOrientation()方法进行设置，默认的顺序是从左到右，从上到下。

GridLayout 类的构造方法如下。

(1) GridLayout()：创建一个 1 行 1 列的网格布局。

(2) GridLayout(int rows, int cols)：创建一个具有指定行和指定列的网格布局。

(3) GridLayout(int rows, int cols, int hgap, int vgap)：创建一个具有指定行和指定列的网格布局，并指定网格单元之间的水平间距和垂直间距。

例如：创建六个按钮添加到框架中，设置框架的布局管理器为网格布局管理器，2 行 3 列。主要代码如下：

```
JFrame frame = new JFrame();
GridLayout layout = new GridLayout(2,3);//创建一个具有 2 行 3 列的网格布局。
Container container = frame.getContentPane();//获取当前框架的内容面板。
container.setLayout(layout);//设置容器的布局为 2 行 3 列的网格布局。
String names[] = { "One", "Two", "Three", "Four", "Five", "Six"};
JButton buttons[] = new JButton[ names.length];
for (int count = 0; count < names.length; count ++ ) {
        buttons[ count ] = new JButton(names[ count ]);
        container.add(buttons[count]);
}
```

网格布局管理器的布局如图 9-20 所示。

图 9-20 网格布局管理器的布局

9.7.4 BoxLayout

BoxLayout 允许在水平方向或者垂直方向布局多个组件，这是通过 BoxLayout 类中的参数 X_AXIS、Y_AXIS 来决定的。X_AXIS 表示水平排列，而 Y_AXIS 表示垂直排列。

BoxLayout 类的构造方法如下。

(1) BoxLayout(Container target, int axis)：创建 BoxLayout 布局，将其作用到容器 target 中，并设置方向为 axis。

例如：

```
JPanel panel = new JPanel();
BoxLayout layout = new BoxLayout(panel, BoxLayout.X_AXIS);
```

这个例子中创建一个水平排列的 BoxLayout 布局管理器实例 layout,这个布局管理器作用到 panel 上。

BoxLayout 往往和 Box 容器类关联在一起,这是因为 BoxLayout 是 Box 容器的默认布局管理器。Box 类中提供了静态方法：

(2) createHorizontalBox():创建一个 Box 容器,该容器的布局管理是水平的 BoxLayout。

(3) createVerticalBox():创建一个 Box 容器,该容器的布局管理是垂直的 BoxLayout。

【例 9-8】 BoxLayout 布局管理器的示例。

在 JFrame 的 BorderLayout 布局中北、东方向各添加一个 JPanel,每个 JPanel 里包含三个按钮,分别为水平排列和垂直排列。

```
import java.awt. * ;
import javax.swing. * ;
public class BoxLayoutDemo extends JFrame {
    private JButton buttons[];
    private final String names[] = { "One", "Two", "Three", "Four","Five","Six"};
    private BoxLayout layout1,layout2;
    private Container container;
    private JPanel panel1,panel2;
    public BoxLayoutDemo() {
        super(BoxLayout 布局管理器" );
        panel1 = new JPanel();
        panel2 = new JPanel();
        layout1 = new BoxLayout(panel1,BoxLayout.X_AXIS);
        layout2 = new BoxLayout(panel2,BoxLayout.Y_AXIS);
        //panel1.setLayout(layout1);
        panel2.setLayout(layout2);
        buttons = new JButton[ names.length ];
        for (int count = 0; count < 3; count ++ ) {
            buttons[ count ] = new JButton(names[count]);
            panel1.add(buttons[count]);
        }
        for (int count = 3; count < names.length; count ++ ) {
            buttons[ count ] = new JButton(names[ count ] );
            panel2.add(buttons[count]);
        }
        container = getContentPane();
        container.add(panel1,BorderLayout.NORTH);
        container.add(panel2,BorderLayout.EAST);
        setVisible(true );
```

```
        pack();
    }
    public static void main(String args[] ) {
        BoxLayoutDemo application = new BoxLayoutDemo();
        application.setDefaultCloseOperation(JFrame.EXIT_ON_CLOSE);
    }
}
```

程序运行结果如图 9-21 所示。

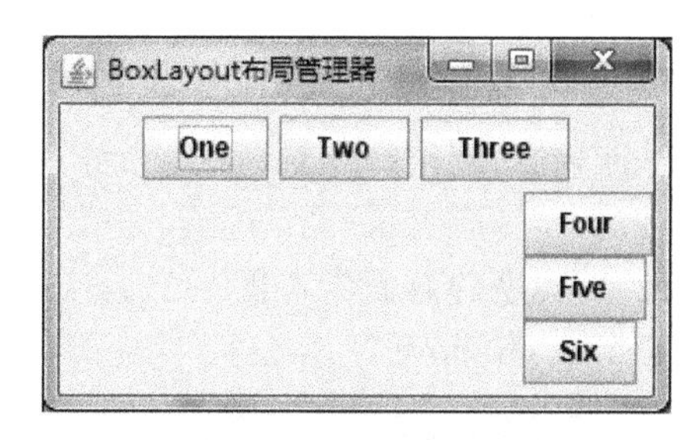

图 9-21　BoxLayout 的布局

小　　结

Java 的图形用户界面编程涉及了 java.awt 和 javax.swing 包中的大量类和接口。其中 java.awt 包中提供了基本的 GUI 编程工具，而 javax.swing 包中类和组件是对 java.awt 包的扩展，具有更加轻量级的特点，运行效率提高。

本章以 javax.swing 包中的组件和容器为重点，阐述了容器组件、文本组件、选择组件、菜单组件等多个组件。组件是界面中的基本元素，但 swing 组件不能直接出现在界面中，必须添加到容器里。

图形用户界面提供了良好的交互方式，可以快速响应用户的操作。图形界面与用户的交互 Java 中是通过事件处理来实现的。事件处理包括三个要素：事件源、事件和事件监听器。要能够在组件上响应用户的操作，就必须为组件添加事件的监听器。

布局管理器用于管理容器中组件的布局方式，Java 中的布局管理器也很多，较常用的有：BorderLayout、FlowLayout、GridLayout 和 BoxLayout。

习　　题

9.1　JFrame 默认的布局管理器是什么？使用什么方法更改 JFrame 的布局管理器？

9.2　如何向 JFrame 中添加组件？

9.3　对于 MouseEvent，实现事件处理的两种方式分别是什么？

9.4　JMenuBar、JMenu、JMenuItem 之间的关系是什么？使用什么方法将 JMenuBar 添加到 JFrame 中？

9.5　如何为 JFrame 添加弹出式菜单？

9.6　按钮的常用事件是什么？要处理该事件需要实现什么接口？

9.7　编写一个图形用户界面程序，利用两个文本框接收用户输入两个整型数。当用户点击“计算”按钮时，进行加法运算并显示运算结果；当用户点击“清空”按钮时，清空文本框的内容。程序的界面参考图 9-22。

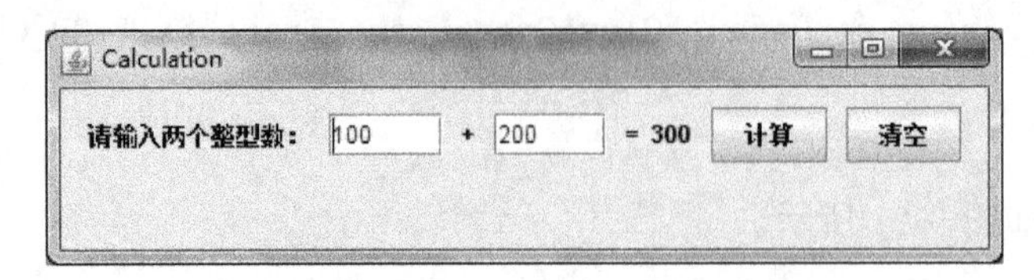

图 9-22　习题 9.7 图

9.8　编写一个图形用户界面程序，利用颜色对话框对文字区的文字进行前景色和背景色的设置。程序的界面参考图 9-23。

9.9　编写一个菜单应用程序，程序的界面参考图 9-24。点击“Window”菜单会弹出两个菜单项：“Child Window 1”和“Child Window 2”。

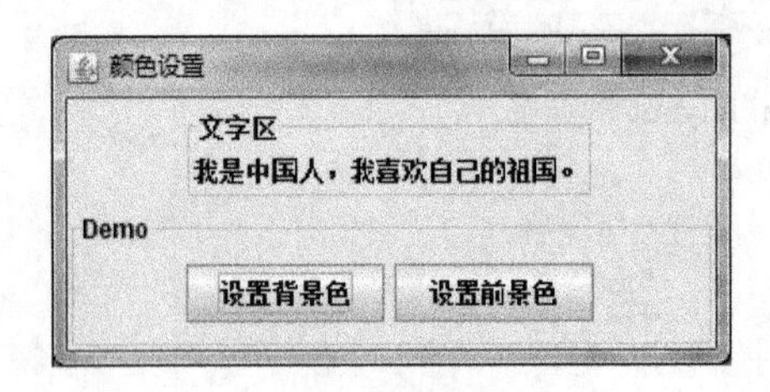

图 9-23　习题 9.8 图

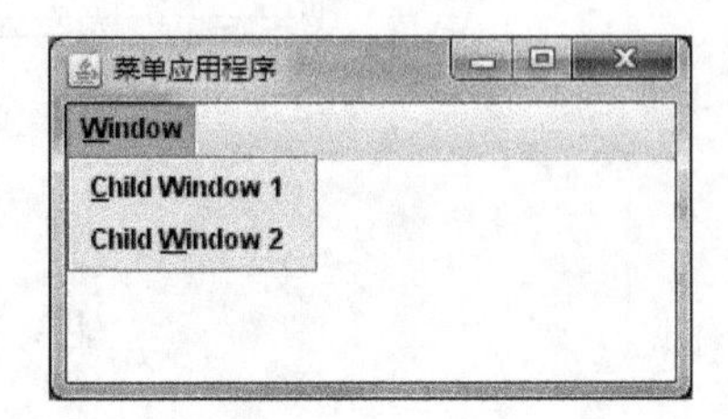

图 9-24　习题 9.9 图

点击“Child Window 1”菜单项，可以弹出一个新的窗口，如图 9-25(a)所示。点击“Child Window 2”菜单项，可以弹出一个新的窗口，如图 9-25(b)所示。可以使用 JInternalFrame 来实现子窗口，并嵌入到当前界面中。在(a)图中，点击“关闭窗口”按钮，关闭下面的窗口。在(b)图中，按回车键，关闭下面的窗口。

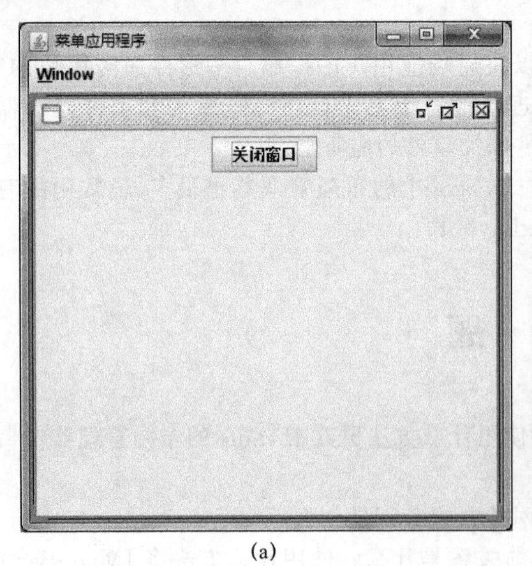

(a)

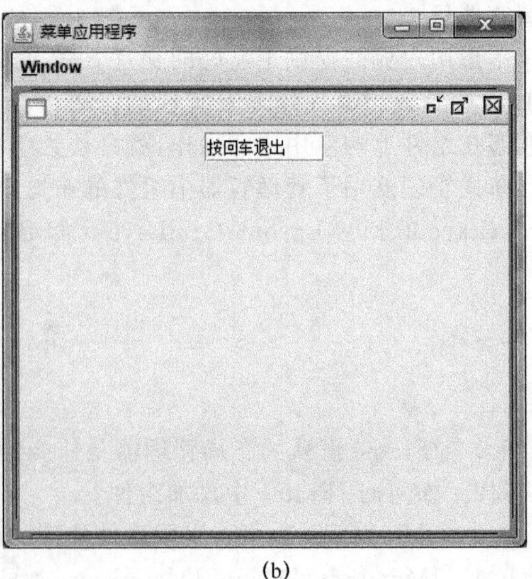

(b)

图 9-25　点击两个菜单选项弹出的窗口

第 10 章 Java 实用包

Java 的开发经常会涉及对字符串、数组的处理以及数学的常用操作。为了方便开发人员实现这些操作，Java 中提供了相关的实用包，包括 java. lang 包中的 Math 类、java. lang 包中的 String 类、java. lang 包中的 StringBuffer 类、java. util 包中的 Arrays 类、java. util 包中的 ArrayList 类。

本章学习目标：

1. 掌握 Math 类的常用方法。
2. 掌握 String 类的常用方法。
3. 掌握 StringBuffer 类的常用方法。
4. 掌握 Arrays 类的常用方法。
5. 掌握 ArrayList 类的常用方法。

10.1 常用数学函数

Java 提供了很多工具来提供强大的数据运算功能，如 Math 工具提供的运算有三角函数运算、指数与对数运算、取整运算、随机数运算等。本小节将对 Math 类进行简单的介绍。

java. lang. Math 类是标准的数学类，提供了我们数学计算中常用的方法，使用它们可以完成大部分的数学计算操作。Math 类中的所有方法和常量都是静态的，且 Math 类是 final 类，不能被继承和实例化。

Math 类常用的常量：

(1) Math. PI——圆周率

(2) Math. E——常量 e

Math 类常用方法如表 10-1 所示。

表 10-1 Math 类的常用方法

方　　法	作　　用
abs(int a)	返回 int 值的绝对值
abs(long a)	返回 long 值的绝对值
abs(float a)	返回 float 值的绝对值
abs(double a)	返回 double 值的绝对值
acos(double a)	返回角的反余弦，范围在 0.0 到 pi 之间

续表

方 法	作 用
asin(double a)	返回角的反正弦,范围在－pi/2 到 pi/2 之间
atan(double a)	返回角的反正切,范围在－pi/2 到 pi/2 之间
atan2(double a, double b)	将矩形坐标（x, y）转换成极坐标（r, theta）
ceil(double a)	返回最小的(最接近负无穷大)double 值,该值大于或等于参数,并且等于某个整数
cos(double)	返回角的三角余弦
exp(double a)	返回欧拉数 e 的 double 次幂的值
floor(double a)	返回最大的(最接近正无穷大)double 值,该值小于或等于参数,并且等于某个整数
log(double a)	返回(底数是 e)double 值的自然对数
max(int a, int b)	返回两个 int 值中较大的一个
max(long a, long b)	返回两个 long 值中较大的一个
max(float a, float b)	返回两个 float 值中较大的一个
max(double a, double b)	返回两个 double 值中较大的一个
min(int a, int b)	返回两个 int 值中较小的一个
min(long a, long b)	返回两个 long 值中较小的一个
min(float a, float b)	返回两个 float 值中较小的一个
min(double a, double b)	返回两个 double 值中较小的一个
pow(double a, double b)	返回第一个参数的第二个参数次幂的值
random()	返回带正号的 double 值,大于或等于 0.0,小于 1.0
rint(double)	返回其值最接近参数并且是整数的 double 值
round(float)	返回最接近参数的 int
round(double)	返回最接近参数的 long
sin(double)	返回角的三角正弦
sqrt(double)	返回正确输入的 double 值的正平方根
tan(double)	返回角的三角正切
toDegrees(double)	将用弧度测量的角转换为近似相等的用度数测量的角
toRadians(double)	将用度数测量的角转换为近似相等的用弧度测量的角
IEEEremainder(double, double)	按照 IEEE 754 标准的规定,对两个参数进行余数运算

【例 10-1】 Math 类用法示例。

```
Math.abs(-5) = 5
Math.floor(12.7) = 12.0
Math.ceil(12.7) = 13.0
Math.sqrt(4.0) = 2.0
Math.rint(Math.PI) = 3.0
Math.round(Math.PI) = 3
Math.random()                  //产生 0 到 1 之间的 double 型的随机数
(int)(100 * Math.random() + 1) //产生 1 到 100 之间的随机整数
```

10.2 字符串处理

字符串处理是许多语言的重要内容，Java 将字符串作为对象来处理，可以使用 String 和 StringBuffer 类来创建字符串对象。

10.2.1 String 类

1. 创建 String 类对象

String 类代表字符串，字符串是常量，它们的值在创建之后不能改。String 类有多种构造方法，同样使用 new 关键字来创建 String 对象。

格式 1：String()

以空字符串创建 String 对象，例如：String str1=new String();　　//str1 为空字符串

格式 2：String(byte[] bytes)

创建一个被 byte 数组初始化的字符串。

例如：
```
byte  num = {97,98,99,100};
String str1 = new String(num);
System.out.println(str1);
```

输出结果为：abcd

格式 3：String(byte[] bytes, int offset, int length)

创建一个被 byte 数组的子区域所初始化的字符串。参数 offset 指定子区域开始的下标(注意：第一个字符的下标为 0)，参数 length 指定所使用 byte 的长度。

例如：
```
byte  num = {97,98,99,100};
String str2 = new String(num,1,2);
System.out.println(str2);
```

输出结果为：bc

格式 4：String(char[] value)

创建一个被字符数组初始化的字符串。

格式 5：String(char[] value, int offset, int count)

创建一个被字符数组的子区域所初始化的字符串。参数 offset 指定子区域开始的下标(注意：第一个字符的下标为 0)，参数 count 指定所用字符的个数。

例如：
```
byte ch[] = {'a','b','c','d'};
String st = new String(ch,1,3);
System.out.println(st);
```

输出结果为：bcd

格式 6：String(String original)

构造一个 String 对象，该对象包括了与 String 对象 original 相同的字符序列，换句话说，新创建的字符串是该参数字符串的一个副本。由于字符串常量本身就是一个 String 对象，因此可以直接用字符串常量来构造 String 对象。

例如：
```
String s = "abcdefg";
System.out.println(s);
```

格式 7:String(StringBuffer buf)

根据 StringBuffer 类型创建 String 对象,即分配一个新的字符串,它包含当前在字符串缓冲区参数中的字符序列。

2. 使用 String 类

String 类对字符串的处理提供了大量的方法,本小节只能对一些常用的方法进行介绍,常用的 String 类方法如表 10-2 所示。

表 10-2 String 类的常用方法

方法	作用
char charAt(int index)	返回指定索引处的 char 值。index 从 0 开始
int compareTo(String str)	与 str 进行字符串比较。若相等,则返回 0;如小于,则返回一个负数;若大于,则返回一个正数
compareToIgnoreCase(String str)	字符串比较,不区分大小写
String concat(String str)	将指定字符串联到此字符串的结尾,并返回一个新的 String 对象,该对象包含两个源字符串中的字符
boolean endsWith(String suffix)	测试此字符串是否以指定的后缀 suffix 结束
boolean equals(String str)	判断调用方法的字符串是否与参数 str 所对应的字符串相等
boolean equalsIgnoreCase(String str)	判断调用方法的字符串是否与参数 str 所对应的字符串相等,不区分大小写
void getChars(int srcBegin, int srcEnd, char[] dst, int dstBegin)	以参数 srcBegin 作为起始下标,以参数 srcEnd−1 作为结束下标,从调用方法的字符串中取子串复制到以参数 dstBegin 为起始下标的字符数组中
int indexOf(int ch)	返回指定字符在此字符串中第一次出现处的索引
int indexOf(int ch, int fromIndex)	从指定的索引开始搜索,返回在此字符串中第一次出现指定字符处的索引
int indexOf(String str)	返回第一次出现的指定子字符串在此字符串中的索引
int indexOf(String str, int fromIndex)	从指定的索引处开始,返回第一次出现的指定子字符串在此字符串中的索引
int lastIndexOf(int ch)	返回最后一次出现的指定字符在此字符串中的索引
int lastIndexOf(int ch, int fromIndex)	从指定的索引处开始进行向后搜索,返回最后一次出现的指定字符在此字符串中的索引
int lastIndexOf(String str)	返回在此字符串中最右边出现的指定子字符串的索引
int lastIndexOf(String str, int fromIndex)	从指定的索引处开始向后搜索,返回在此字符串中最后一次出现的指定子字符串的索引
int length()	返回此字符串的长度
String replace(char oldChar, char newChar)	返回一个新的字符串,它是通过用 newChar 替换此字符串中出现的所有 oldChar 而生成的

续表

方　法	作　用
String substring(int beginIndex)	返回一个新的字符串，它是此字符串的一个子字符串
String substring(int beginIndex, int endIndex)	返回一个新字符串，它是此字符串的一个子字符串
String toLowerCase()	将此 String 中的所有字符都转换为小写
String toUpperCase()	将此 String 中的所有字符都转换为大写
String trim()	将出现在字符串开头和结尾的空格删除，并返回该字符串

【例 10-2】 比较两个字符串，如果内容不相同则将它们连接，并返回连接后字符串的长度。

程序代码为

```
public classExample10_2{
   public static void main(String[] args) {
     String str1 = "abcd";
     byte ch[] = {'a','b','c','d'};
     String str2 = new String(ch);
     boolean b = str1.equals(str2);
     if (b) {
            String str3 = str1.concat(str2);
            System.out.println("这两个字符串相同");
            System.out.println("连接后的字符串是:" + str3);
     }
     else
            System.out.println("这两个字符串不相同");
     }
}
```

程序运行结果如图 10-1 所示。

```
这两个字符串相同
连接后的字符串是: abcdabcd
Press any key to continue...
```

图 10-1　例 10-2 程序运行结果

【例 10-3】 编写程序，分别统计给定字符串中各类字母的个数。

程序代码为

```
public class Example2_32 {
        public static void main(String[] args) {
              String str = "Serious air pollution shrouded 14 cities in Liaoning
              province on Sunday, with provincial capital Shenyang witnessing a
```

```
            peak reading of the concentration of PM2. 5 - airborne particles
            measuring less than 2. 5 microns in diameter - of 1,017 micrograms
            per cubic meter. ";
            System.out.println("[总字符数]:" + countSum(str));
        }
        public static int countSum(String str) {
            int abccount = 0;
            int numcount = 0;
            int spacecount = 0;
            int othercount = 0;
            for (int i = 0; i<str.length();i ++ ) {
              char b = str.charAt(i);
               if (b> = 'a'&& b< = 'z'|| b> = 'A'&& b< = 'Z') {
                    abccount ++ ;
               } else if (b> = '0'&& b< = '9') {
                    numcount ++ ;
               } else if (b == ' ') {
                    spacecount ++ ;
               } else {
                    othercount ++ ;
               }
            }
            int sum = abccount + numcount + spacecount + othercount;
            System.out.println("字符串中含有的英文字母数为:" + abccount);
            System.out.println("字符串中含有的数字数为:" + numcount);
            System.out.println("字符串中含有的空格数为:" + spacecount);
            System.out.println("字符串中含有的其他字符为:" + othercount);
            return sum;
        }
}
```

程序运行结果如图 10-2 所示。

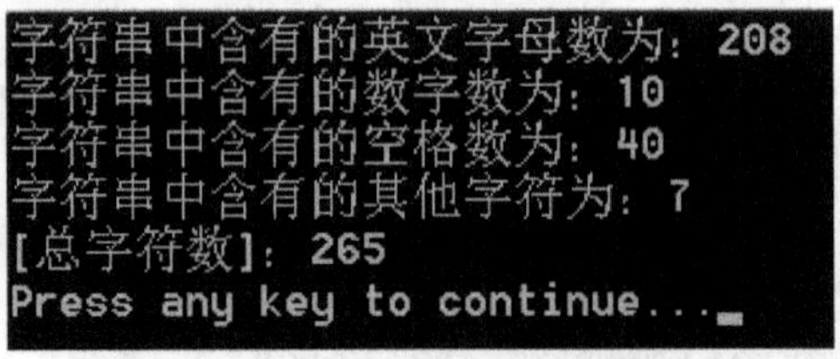

```
字符串中含有的英文字母数为: 208
字符串中含有的数字数为: 10
字符串中含有的空格数为: 40
字符串中含有的其他字符为: 7
[总字符数]: 265
Press any key to continue..._
```

图 10-2 例 10-3 程序运行结果

10.2.2 StringBuffer 类

1. 创建 StringBuffer 类对象

StringBuffer 称为可变字符序列，它通过字符串缓冲区来实现对字符串的操作，虽然在某一时间点上它都包含某种特定的字符序列，但通过某些方法调用可以改变该序列的长度和内容，这一点与 String 类具有很大差别。StringBuffer 类同样有多种构造方法。

格式 1：StringBuffer()

默认构造函数，创建一个不包含字符、且初始容量为 16 个字符的 StringBuffer 对象。

格式 2：StringBuffer(int capacity)

创建一个不包含字符、且初始容量由参数 capacity 指定的 StringBuffer 对象。要求 capacity 不能小于 0，否则会抛出异常。

格式 3：StringBuffer(String str)

构造一个字符串缓冲区，并将其内容初始化为指定的字符串内容。该字符串的初始容量为 16 加上字符串参数的长度。

例如：
```
String s = "abcdefg";
StringBuffer sb = new StringBuffer(s);
```

2. 使用 StringBuffer 类

每个字符串缓冲区都有一定的容量。只要字符串缓冲区所包含的字符序列的长度没有超出此容量，就无需分配新的内部缓冲区。如果内部缓冲区溢出，则此容量会自动增大。

StringBuffer 类的方法也有很多，其中使用最多的是 append 方法和 insert 方法。append 方法实现将数据添加到缓冲区的末尾，insert 方法实现将数据插入到缓冲区的指定位置。这两个方法都可以重载，以接收任意类型的数据，本质上它们都是首先将不同类型的数据转换成字符串类型，然后再完成相应操作。

(1) append 方法

append 方法的重载格式有以下几种。

- append(boolean b)
- append(char c)
- append(char ch[])
- append(char ch[],int offset,int len)
- append(double d)
- append(float f)
- append(int i)
- append(long l)
- append(String str)

例如：
```
StringBuffer sb = new StringBuffer("B");
sb.append(7).append("FC");
System.out.println(sb);
```

输出结果为 B7FC

【例 10-4】 编写程序，删除字符串“I am a college student.”中的所有的空格字符。

程序代码为

```
public classExample10_4 {
       public static void main(String[] args) {
         String s = " I am a college student. ";
         StringBuffer sb = new StringBuffer();
         for(int i = 0;i<s.length();i++)
         {
              char c = s.charAt(i);
              if (c! = ''){
               sb = sb.append(c);
               }
               else {continue;}
               }
         System.out.println(sb);
         }
     }
```

程序运行结果如图 10-3 所示。

```
Iamacollegestudent.
Press any key to continue...
```

图 10-3　例 10-4 程序运行结果

【例 10-5】 利用 StringBuffer 在字符串末尾添加多种类型的数据。

程序代码为

```
class Example10_5{
    public static void main(String args[]){
  StringBuffer s = new StringBuffer("Tom's Score");
  String str = "is";
  char c = ':';
  int i = 85;
  System.out.println(s);
  System.out.println(s.append(str));
  System.out.println(s.append(c));
  System.out.println(s.append(i));
  }
}
```

程序运行结果如图 10-4 所示。

```
Tom's Score
Tom's Score is
Tom's Score is :
Tom's Score is :85
Press any key to continue...
```

图 10-4　例 10-5 程序运行结果

(2) insert 方法

insert 方法的重载格式：

```
insert(int offset,boolean b)
insert(int offset,char ch)
insert(int offset,char ch[])
insert(int offset,double d)
insert(int offset,float f)
insert(int offset,int i)
insert(int offset,long l)
insert(int offset,String str)
```

其中 offset 指原字符序列中字符的索引值，从 0 开始计数。

例如：

```
StringBuffer sb = new StringBuffer("124");
sb.insert(2,3);
sb.insert(0,"x = ");
System.out.println(sb);
```

输出结果为 x=1234

(3) 其他方法

capacity()　　　返回缓冲区的容量

setLength()　　　设置字符序列的长度

注意：若设置的值小于字符串的 length()，则字符串的末尾部分会被截去，若设置的值大于字符串的 length()，则会在字符串的末尾补空格字符，使其满足设置的长度。

reverse()　　　将此字符序列用其反转形式取代

10.3 数组处理

数组是 Java 中一个非常重要的数据结构，Java 中对数组可以进行排序、复制、逆序等操作。这些操作可以直接对数组中的元素进行编码实现，也可以利用 Java API 中提供的类来实现。Java API 中提供了 Arrays 类，该类提供了对数组的各种操作。

10.3.1 Arrays 类

Arrays 类是 java.util 包中的类，是 Java 集合的成员之一。该类中提供了一系列的静态方法来实现对数组的各种操作，包括给数组赋值、对数组排序、比较数组、查找数组元素等。

1. 给数组赋值

Arrays 类中通过提供 fill()方法来实现对数组元素的赋值，鉴于数组元素的类型有多种，fill()方法也有多个重名的方法。总的来说，fill()方法可以分为以下两种情形。

(1) fill(数组名，元素值)：该方法将对数组中的所有元素赋予相同的元素值。

(2) fill(数组名，起始下标，结束下标，元素值)：该方法将对数组中指定范围内的元素赋予相同的元素值。指定范围由起始下标对应的元素开始，到结束下标－1 对应的元素为止。

说明：元素值的类型要与数组的类型一致，例如，对于整型数组只能使用整型值进行赋值。

【例 10-6】 Arrays 类中 fill()方法使用示例。

```
import java.util.Arrays;
public class Example10_6{
    public static void main(String[] args){
        int[] arr = new int[6];
        Arrays.fill(arr,2);//对数组中所有元素进行赋值,值为 2
        System.out.println("对数组的每个元素进行赋值后:");
        for(int a : arr){
            System.out.print(a + "\t");
        }
        System.out.println();
        Arrays.fill(arr,1,4,6);//对数组中下标 1～3 的元素进行赋值,值为 6
        System.out.println("对数组的指定元素进行赋值后:");
        for(int a : arr){
            System.out.print(a + "\t");
        }
        System.out.println();
    }
}
```

程序运行结果如图 10-5 所示。

```
对数组的每个元素进行赋值后:
2       2       2       2       2       2
对数组的指定元素进行赋值后:
2       6       6       6       2       2
Press any key to continue...
```

图 10-5　例 10-6 程序运行结果

2. 对数组排序

Arrays 类中提供了 sort()方法来对数组进行升序排序,对于数值类型的数组,如 byte、short、int、long、float、double,sort()支持对数组全部元素或者部分元素按元素值的大小进行升序排序。对于 char 类型的数组,sort()支持对数组全部元素或者部分元素按数组元素对应的数值大小进行升序排序。Arrays 类中的 sort()方法有很多,具体分为以下两类。

(1) sort(数组名):该方法将对数组中的所有元素进行升序排序。

(2) sort(数组名,起始下标,结束下标):该方法将对数组中指定范围内的元素进行升序排序。指定范围由起始下标对应的元素开始,到结束下标−1 对应的元素为止。

【例 10-7】 Arrays 类中 sort()方法使用示例。

```
import java.util.Arrays;
public class Example10_7{
    public static void main(String[] args){
        int[] arr1 = {8,2,10,1,-5,7,12,6};
        char[] arr2 = {'c','e','a','! '};
        Arrays.sort(arr1,1,5);
        System.out.println("下标 1-4 排序后的数组元素为:");
        for(int i :arr1)
```

```
                System.out.print(i + "\t");
            System.out.println();
            Arrays.sort(arr1);
            System.out.println("排序后的数组元素为:");
            for(int i :arr1)
                System.out.print(i + "\t");
            System.out.println();
            Arrays.sort(arr2);
            System.out.println("排序后的数组元素为:");
            for(char c :arr2)
                System.out.print(c + "\t");
            System.out.println();
        }
    }
```

例 10-7 中定义了两个数组:一个是整型数组,分别对该数组中下标 1-4 的元素进行升序排序和对该数组中所有元素进行升序排序操作;另一个是字符型数组,对该数组中所有元素进行升序排序。程序运行结果如图 10-6 所示。

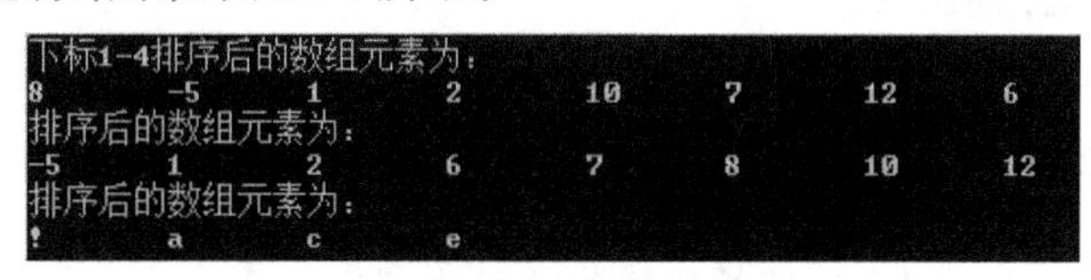

图 10-6 例 10-7 程序运行结果

3. 数组比较

Arrays 类中提供了 equals()方法判断两个数组是否完全相等,如果相等返回 true,否则返回 false。Arrays 类中的 equals()方法有多个,分别处理不同类型的两个数组的比较,如比较两个整型数组是否相等,可以使用 static boolean equals(int[] a, int[] a2)。

【例 10-8】 Arrays 类中 equals()方法使用示例。

```
import java.util.Arrays;
public class Example10_8{
    public static void main(String[] args){
        int[] arr1 = {1,2,3,4,5};
        int[] arr2 = {1,2,3,4,5};
        int[] arr3 = {2,3,1,5,4};
        System.out.println("数组 arr1 和 arr2 相等吗?" + Arrays.equals(arr1,arr2));
        System.out.println("数组 arr1 和 arr3 相等吗?" + Arrays.equals(arr1,arr3));
    }
}
```

程序的运行结果如图 10-7 所示。

数组arr1和arr2相等吗? true
数组arr1和arr3相等吗? false

图 10-7 例 10-8 程序运行结果

4. 查找数组元素

Arrays 类中提供了 binarySearch()方法来查找指定值在数组中的位置,使用的是二分查找算法,这个算法的前提是数组必须是排过序的。因此,在使用 binarySearch()方法之前,需要先调用 sort()方法。Arrays 类中提供了多个重名的 binarySearch()方法,具体可以分为两类。

(1) binarySearch(数组名,待查找值)

(2) binarySearch(数组名,起始下标,结束下标,待查找值)

第一个方法主要用于在数组中查找指定值,如果找到,产生的返回值就要大于或等于 0,为待查找值在数组中的下标。否则,它产生负返回值,表示若要保持数组的排序状态此元素所应该插入的位置。这个负值的计算方式是:

$$-(插入点)-1$$

"插入点"是指,第一个大于查找对象的元素在数组中的位置,如果数组中所有的元素值都小于要查找的对象,"插入点"就等于 Arrays. size()。

第二个方法主要用于在数组中指定范围内查找指定值,返回值同第一个方法。

【例 10-9】 Arrays 类中 binarySearch ()方法使用示例。

```
import java.util.Arrays;
public class Example10_9{
    public static void main(String[] args){
        int[] arr = {1,9,3,-1,5};
        Arrays.sort(arr);
        System.out.println("排序后的数组为:");
        for(int a : arr)
            System.out.print(a + "\t");
        System.out.println();
        int index = Arrays.binarySearch(arr,2);
        System.out.println("元素 2 在数组中的下标:" + index);
        index = Arrays.binarySearch(arr,9);
        System.out.println("元素 9 在数组中的下标:" + index);
    }
}
```

例 10-9 中,数组 arr 排序后的结果为-1,1,3,5,9。元素 2 在数组中找不到,将其插入到数组中的插入点的位置为 2(第一个大于 2 的元素是 3,其下标是 2),因此返回值为-2-1=-3。元素 9 在数组中能够找到,返回值为 9 在数组的下标,为 4。程序的运行结果如图 10-8 所示。

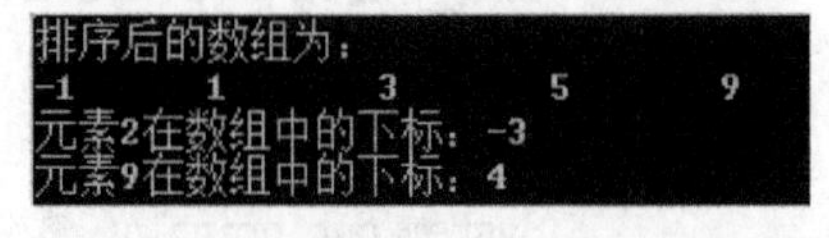

图 10-8 例 10-9 程序运行结果

10.3.2 ArrayList 类

前面我们在 2.7 节中介绍了 Java 中的数组,其中我们说过数组在创建之前需要确定数组的长度,之后不能修改数组的长度。但实际中存在着一些情况,我们并不确定数组中要存储的数据的个数,这个值是一个动态变化的值,这时我们需要使用动态数组,Java 中提供的 ArrayList 类就实现了动态数组的功能,它支持对数组中的数据进行动态的添加、删除、修改、查询等功能。ArrayList 类在 java. util 包中。

1. 添加

ArrayList 类中提供添加功能的方法有四个，具体如表 10-3 所示。

表 10-3　ArrayList 类中实现添加功能的方法

方　法	作　用
boolean add(E e)	在数组的最后添加元素 e
void add(int index, E element)	在数组的指定位置添加元素 element
boolean addAll(Collection<? extends E> c)	在数组的最后添加 c 中的所有元素
boolean addAll(int index, Collection<? extends E> c)	在数组的指定位置添加 c 中的所有元素

【例 10-10】 ArrayList 类中添加功能方法使用示例。

```
import java.util.ArrayList;
public class Example10_10{
    public static void main(String[] args){
        ArrayList<String> list1 = new ArrayList<String>();
        list1.add("Hello");
        list1.add("Java");
        ArrayList<String> list2 = new ArrayList<String>();
        list2.add("Welcome");
        list2.addAll(0,list1);
        System.out.println("list1 = " + list1);
        System.out.println("list2 = " + list2);
    }
}
```

程序的运行结果如图 10-9 所示。

```
list1= [Hello, Java]
list2= [Hello, Java, Welcome]
```

图 10-9　例 10-10 程序运行结果

2. 删除

ArrayList 类中提供删除功能的方法有五个，具体如表 10-4 所示。

表 10-4　ArrayList 类中实现删除功能的方法

方　法	作　用
E remove(int index)	删除数组中指定位置上的元素。位置从 0 开始
booleanremove(Object o)	如果数组中存在该元素，则删除该元素。如果该元素在数组中出现多次，则删除第一个
booleanremoveAll(Collection<? > c)	在数组中删除 c 中的元素
protected voidremoveRange(int fromIndex, int toIndex)	删除数组中指定位置的元素，从 fromIndex 开始，到 toIndex－1 为止
voidclear()	删除数组中的所有元素

【例 10-11】 ArrayList 类中的删除方法使用示例。

```
import java.util.ArrayList;
public class Example10_11{
    public static void main(String[] args){
        ArrayList<String> list1 = new ArrayList<String>();
        list1.add("Hello");
        list1.add("Java");
        list1.add("Welcome");
        list1.add("you");
        System.out.println("删除 Welcome 前:" + list1);
        list1.remove("Welcome");
        System.out.println("删除 Welcome 后:" + list1);
        list1.remove(1);
        System.out.println("删除第一个元素后:" + list1);
        list1.clear();
        System.out.println("清空后:" + list1);
    }
}
```

程序运行结果如图 10-10 所示。

```
删除Welcome前: [Hello, Java, Welcome, you]
删除Welcome后: [Hello, Java, you]
删除第一个元素后: [Hello, you]
清空后: []
```

图 10-10 例 10-11 程序运行结果

3. 修改

ArrayList 类中提供了 set()方法来实现对数组中的元素进行修改的功能。set()方法的原型是:

E set(int index, E element)

该方法可以修改数组中指定位置的元素值,修改后的值为 element 中的值。位置是从 0 开始计算的。

【例 10-12】 ArrayList 类中 set()方法使用示例。

```
import java.util.ArrayList;
public class Example10_12{
    public static void main(String[] args){
        ArrayList<String> list1 = new ArrayList<String>();
        list1.add("Hello");
        list1.add("Java");
        list1.add("Welcome");
```

```
        list1.add("you");
        System.out.println("修改前:" + list1);
        list1.set(3,"everyone");
        System.out.println("修改后:" + list1);
    }
}
```

程序运行结果如图 10-11 所示。

```
修改前: [Hello, Java, Welcome, you]
修改后: [Hello, Java, Welcome, everyone]
```

图 10-11　例 10-12 程序运行结果

4. 读取

ArrayList 类中提供了 get()方法来实现对数组中的元素进行读取的功能。get()方法的原型是:

E　get(int index)

该方法可以返回数组中指定位置的元素值,位置是从 0 开始计算的。如果指定位置超出了数组的长度,则抛出 java. lang. IndexOutOfBoundsException 异常。

【例 10-13】 ArrayList 类中 get()方法使用示例。

```
import java.util.ArrayList;
public class Example10_13{
    public static void main(String[] args){
        ArrayList<String> list1 = new ArrayList<String>();
        list1.add("Hello");
        list1.add("Java");
        list1.add("Welcome");
        list1.add("you");
        System.out.println("数组为:" + list1);
        System.out.println("数组中第二个元素为:" + list1.get(2));
        System.out.println("数组中第四个元素为:" + list1.get(4));
    }
}
```

程序运行结果如图 10-12 所示。

```
数组为: [Hello, Java, Welcome, you]
数组中第二个元素为: Welcome
Exception in thread "main" java.lang.IndexOutOfBoundsException: Index: 4, Size:
4
        at java.util.ArrayList.rangeCheck(ArrayList.java:635)
        at java.util.ArrayList.get(ArrayList.java:411)
        at Example10_13.main(Example10_13.java:11)
```

图 10-12　例 10-13 程序运行结果

例 10-13 中，数组长度为 4，list1. get(2)返回数组中下标为 2 的元素值，list1. get(4)返回数组中下标为 4 的元素值，显然下标 4 超出了数组长度，因此抛出异常。

小　　结

本章介绍了 Java 中的实用包，主要针对 Java 中常用的三大类操作：数学操作、字符串操作和数组操作。主要内容如下：

1. 介绍了 java. lang. Math 类，介绍了该类中包含的各种数学函数，如取绝对值函数、取最大值函数、取随机数函数等。

2. 介绍了 java. lang. String 类和 java. lang. StringBuffer 类，介绍了如何使用 java. lang. String 实现字符串对象创建、字符串处理等各种操作，介绍了使用 java. lang. StringBuffer 类实现字符串的动态处理，如添加、删除等操作。

3. 介绍了 java. util 包中的 Arrays 类，介绍了该类中的各种静态方法来实现对数组的操作，如排序、赋值、比较、查找操作。介绍了 java. util 包中的 ArraysList 类，介绍了该类中各种方法来实现对动态数组的操作，如添加、删除等。

习　　题

10.1　Math 类的作用是什么？它在哪个包中？

10.2　如何生成 0～1 的随机数？如何生成 0～100 的随机整数？如何生成 0～100 的随机偶数？

10.3　编写一个 Java 程序，输入形式为 First Middle Last 的人名并以 Last，First M. 的形式打印出来。其中“M.”是中间名的第一个字符。例如，如果输入“William Jefferson Clinton”，则输出为“Clinton，William J.”。

10.4　编写一个 Java 程序，以大写形式开头打印出两个单词组成的名字。例如，如果输入：noRtH CARolIna，那么输出应该为：North Carolina。

10.5　Java 中的 Arrays 类的主要功能是什么？如何利用该类实现对数组的排序？

10.6　谈谈你对 ArrayList 类的理解！

参考文献

[1] 张桂珠. Java面向对象程序设计[M]. 3版. 北京:北京邮电大学出版社,2013.

[2] 梁勇. JAVA语言程序设计-基础篇[M]. 8版. 北京:机械工业出版社,2011.

[3] (美)Bruce Eckel. 陈昊鹏,译. Java编程思想[M]. 4版. 北京:机械工业出版社,2013.

[4] (美) Sharon Zakhour,等. Java语言导学[M]. 4版. 北京:机械工业出版社,2008.

[5] 耿祥义. Java大学实用教程[M]. 3版. 北京:电子工业出版社,2012.

[6] (美) James Gosling. Java编程规范[M]. 3版. 北京:机械工业出版社,2006.

[7] 叶核亚. Java程序设计实用教程[M]. 北京:电子工业出版社,2007.